思考与梦想

晓 霞 编著

煤炭工业出版社
·北 京·

图书在版编目（CIP）数据

思考与梦想／晓霞编著．--北京：煤炭工业出版社，2018

ISBN 978-7-5020-6830-1

Ⅰ.①思… Ⅱ.①晓… Ⅲ.①成功心理—通俗读物 Ⅳ.①B848.4-49

中国版本图书馆CIP数据核字（2018）第190484号

思考与梦想

编　　著 晓　霞
责任编辑 高红勤
封面设计 荣景苑

出版发行 煤炭工业出版社（北京市朝阳区芍药居35号　100029）
电　　话 010-84657898（总编室）　010-84657880（读者服务部）
网　　址 www.cciph.com.cn
印　　刷 永清县晔盛亚胶印有限公司
经　　销 全国新华书店

开　　本 880mm×1230mm 1/32　**印张** 7 1/2　**字数** 200千字
版　　次 2018年9月第1版　2018年9月第1次印刷
社内编号 20180047　**定价** 38.80元

前　言

在20世纪上半叶，思想创造了无数看似不可能的奇迹，这在前50 年，甚至是前25年都是无法想象的。试想，下一个50年之后，我们又会站在一个怎样的高度？思想只有充满了能量，才会不断地发展。

思想能够创造一切，只要敢想，并且在“想了”之后敢做，那么我们就能成功。思想具有创造力，其法则建立在合理可靠的基础之上，蕴藏在万事万物的本质之中。然而，这种创造力并非源于个体，而是来自宇宙。宇宙精神是一切力量和物质的本源和基础，而个体不过是能量散布的渠道而已。

个体不过是宇宙创造不同组合以形成各种现象的手段。这些现象遵守振动原则。凭借这一原则，振动频率不同的各种本原物

质会形成与其振动频率一致的新物质。

思想是个体与宇宙、有限与无限、有形与无形建立联系的透明纽带，是使人类能够思考、求知、感觉和行动的魔术师。

思考是人内在精神对外在时间的体现，它所表达出的思想就是创造力的不断再现，因而从这个意义上讲，世上的很多事物都可称之为思想过程的产物。

思考过程中产生的事物充满了我们的世界，我们肉眼可见到的各种发明创造、组织结构，以及建设性活动，都是思想创造力的产物。

拥有积极的思考习惯，能给你带来健康的生活方式，而不善于思考则只能让生活一团糟。

目　录

|第二章|

思考的价值

|第三章|

思想的力量

|第四章|

思想的体验

|第五章|

思想的发展

|第六章|

思考改变行动

第一章

思想的共鸣

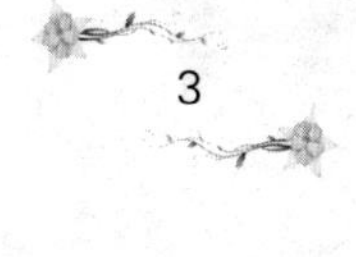

引导内在的思考力量

思想的和谐是创造物质生活和谐环境必不可少的条件。

人类原始质朴的思想长期以来被人们传承发展，而且对人们发挥着作用。恐惧、烦恼、无力和自卑的想法，时常会侵袭我们，它们就是我们不能成功的原因。

人的思考能力正是我们的精神世界与宇宙精神相共振，并把宇宙精神转化成动态心智的能力。精神的运动结果就形成了我们所谓的心智、思考力。因此我们可以得知，精神世界是处于静止状态的。

当然，心智创造负面境遇就像创造有利境遇一样轻而易

举，当我们有意或无意地想到绝望、局限与冲突时，我们就是在创造这些负面境遇；这正是许多的人在无意之中所做的事情。但每个人都有无穷的潜力，只需释放欣赏触觉和健康的野心，我们就可以摆脱负面因素的困扰和束缚。

凡是有理可循的思想都是有生命的，因此它能够扎根、生长，最终必然会排除那些负面的想法。凡是谬误的思想都是无根之草，是无法长久生存的，这个事实可以帮助我们战胜一切的混乱、匮乏、局限。

思想可以引起人体或动物器官的变异。原生质细胞想要获取光线，便会把这个需求以神经脉冲的形式发送出去。神经脉冲便逐渐地制造出了眼睛。某一种鹿，其生长的地方树叶都高高地长在树梢，长期伸头去够喜欢吃的树叶导致这种鹿脖子上的细胞分化，增多，于是长颈鹿便诞生了。两栖爬行动物想要离开水面，在空中飞翔，于是它们进化出了翅膀，变成了鸟类。

生长在植物里的寄生虫，通过实验也证明了即便是最低级的生物也在利用精神化学。马里兰州的杰克琼斯〃兰波博士，他是洛克菲勒研究所的研究员之一，做了如下试验：

为了获取资料，将一盆盆栽放在一个房间内密闭的窗户前。随着盆栽逐渐干枯，寄生在盆栽上原本没有翅膀的蚜虫会

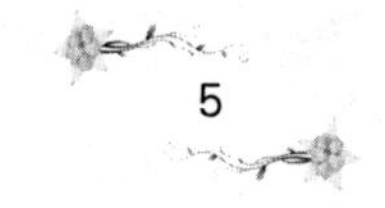

变异成有翼昆虫。蚜虫彻底变异后，会离开盆栽，飞向窗户，然后沿着玻璃往上爬。显而易见，这些小昆虫意识到了它们曾经赖以生存的乐土已经死亡，它们再也不能从中获取食物和水分，唯一的办法便是自救，为求活路它们长出了临时的翅膀。

即使现在你才疏学浅，也可以运用你的思想，你的内在力量，掌控外部环境对你产生的影响，在外界惊涛骇浪之时，心里还能波澜不惊。通过这个隐藏在内心的世界，你可以找到一切问题的解决方法，找到一切感受产生的根源。总之，发现了这个世界，那么，力量、财富对你而言都唾手可得了。

留在脑海中的印象、感受，实际上都是经过你的思维加工、创造后的结果。如果你总是坚持以积极的眼光来看待周围的世界，那么你就会发现生活的环境越来越接近自己的想象，变得更加舒适宜人了。比如，想象着生活很富足，并且时时感觉到富足，更重要的是相信自己确实很富足，那么，你就会渐渐发现，正如你所想象、感受、相信的一样，生活真的很充裕，没有什么匮乏。然而，如果任凭恐惧、焦虑萦绕在心头，任凭困窘、无助的感受长伴左右，它们就真的会永久地、日日夜夜地困扰着你，这就是心理作用的巨大影响。它与物质世界的关系就像前面所提到的念头与物体形成之间的关系一样——

必须先有一个念头，才会相应地产生某种事物；必须有一种心理模式，物质世界才会在大脑中留下相应的印迹。正如泰瑞·沃尔特博士所说："在日常生活中产生的种种印象，有一些会进入潜意识里，成为无法磨灭的思想烙印。你永远都不会将它们忘记，而你的身体、意识、行为、道德观念都将不知不觉地受其指引，它简直可以完完全全地改变一个人。"

当我们神志清醒的时候，我们的意识，通过五种感官，不间断地在向潜意识输送各种感受。感觉都是暂时的、转瞬即逝，然而它却向我们的内心深处传送着讯息，因此，我们必须明确而清楚地知道，每当我们产生一种想法、一种感受或者哪怕一种情绪，无论好的还是坏的，都在向内心世界增添一分内容。因而可以说，将来的生活是变得更加富裕、充实、快乐，还是变得落魄、空虚、悲惨，都取决于现在的想法和行为。

思维会带给你无尽的能量，这些能量会根据意识的要求而发挥实际效力。思维就是模子，经过它的过滤、加工，能量就向积极或消极的方面转化——当然，选择权一直都掌握在你的手中。当你做出一种选择时，它将会产生的结果就已经确定了。

所有的力量来源于内心，因而是处于我们的控制之下的，当你能够从容地驾驶思考过程时，就可以游刃有余地面对任何

情况了，因为外部世界发生的一切都早被内心世界所预见、早已存在于你心中了。

当前这个商业世界被构建出来，受到了许多内在规律的控制，这些规律不可能被与它旗鼓相当的任何力量所中止或废除。但是有一点是不证自明的：高层面上的规律可以压倒低层面上的规律。就如同树的生命力导致树液上升，地心引力规律并不能将它下降，却反被它所战胜。

博物学家耗费了大量时间用来观察可视现象，在他的大脑中负责观察的那一部分不断积累着相关知识，在认识自己所看见的事物上也就变得比某个未观察过这一现象的朋友内行和熟练得多。他只要随便扫上一眼就能掌握大量的细节，有意识地在观察，以此扩大自己的脑力。通过训练自己的大脑，他达到了一定的程度。由此，我们得出了这样的结论：一个人从观察中所学到的知识，远远高于未进行观察的同伴，反过来，一个人如果不行动就会使自己的思维变得越来越迟钝和僵化，直到他的整个人生变得毫无意义。

思想天生就是个喜新厌旧者，换个角度去想才能富有创造性，才能想出别人想不到的创意。人的思维习惯是很重要的，它甚至可以决定我们利用思想去创造条件、环境及其他生活经历的

能力。我们能做什么取决于我们是什么样的人，而我们是什么样的人则取决于我们有着什么样的思想，因此我们必须有意识地控制和引导内在的思考力量，使它更有效地为我们所用。

不发掘自身的内在力量，任何人都是软弱无力的；只有能充分发挥自身潜力的人，才能获得别人难以企及的成就。这一真理正是当今这个快速发展的世界所渴望的。每个人的身上都有尚未发掘的巨大潜力，每个人都拥有智力。

我们只有维持自己内心与外界的和谐共振，才能与永恒的真理步调一致。只有当接收者与传递者步调一致时，智慧的传递才能顺畅无阻。偏执、错误的观点、理念只会把我们引向成功的反方向，而维持梦想、坚定渴望、构筑和谐的关系，则是我们实现目标的关键因素。

每个原子无论是分是合，都有自己的职能。它不为毁灭，它只为使用而存在，并且只存在于它该存在的地方。归根结底，有一个法则支配并就控制着所有的存在。支配我们生活的规律，如果运用得当就能够为我们带来利益。这些规律不可改变，谁也无法摆脱，它们是伟大的力量，在寂静中发挥着作用。我们虽然无法消除规律，但是却可以使它们为我所用。让自己与规律和谐相处，度过和平而幸福的人生。

调整思考的方式

我们无法改变外部的环境，但可以通过调整自己的思考力，来适应这个世界。许多人已经在不知不觉中遵从了这个规律，而另一些人则总是有意识地与之和谐相处。

人们已经挣脱了长期被传统思想和观念束缚的思想，旧的习俗、教条等陈腐的或者已经无法适应时代发展的东西已经被抛弃，代表新文明的信念与服务正在不知不觉中占据主导地位。在科学极度发达的今天，无数的资源和无数种可能都在被揭示出来，展现在我们面前的是很多新鲜的事物。

畏惧思想就是透过蓝色的眼镜看待一切事物的思想状态。

这样看来所做的一切似乎都是徒劳白费的，但“我不能”的精神的体现，与“我能，我会”的思想态度却是截然相反。这是人的精神花园中的毒种子，能够毒死园中所有花草；这是一锅好汤里的一粒老鼠屎，是生活的美酒里的一只败兴蜘蛛。

“畏惧思想”这一词现在已经广为应用，最初是由知名作家贺瑞斯〃弗莱彻所造，用来在某种程度取代“担忧”的用法。他指出，担忧和生气是对平衡健康的心理状态最有毒害性的思想，但是很多人误解为担忧不表达“没有筹划和忧患意识”的意思，因此，福莱彻才造出了“畏惧思想”一词以表达“没有忧虑意识的筹划”的意思。他接着又写了第二篇同类主题的书，名为《快乐就是毫无畏惧的筹划》，书中对快乐的思想做了很好的阐述。弗莱彻也是第一个提出“畏惧并不是畏惧本身，而仅仅是畏惧思想的一种表达、畏惧的思想状态的一种体现”的人。他以及其他在这领域有过研究的人都说，只要将畏惧思想从大脑中根除，从心理上消除就能够消灭畏惧。

优秀的心理学家已经教过我们，消除恐惧（或任何不良的精神状态）最好的方法是用与之相反的思想替代它。通过适当的自我暗示形成好的心理状态替代畏惧思想。正如将黑暗驱逐出房屋，最好的办法不是驱逐黑暗，而是打开百叶窗，让阳光

透进来。因为有阳光照射的地方自然黑暗无法容身，同理，积极的思想能够抵退消极的畏惧思想。

因此，要避免畏惧思想，因为这颗毒瘤会危害你的健康，让你的血液变黑变浓，呼吸费劲。畏惧思想就是精神系统里的一颗毒瘤，在你将它彻底清除之前，你不能放松警惕。运用你的欲望和意志力，辅之以无畏的精神力量，你就能将它清除。要用与之相反的思想将其驱散，改变你的心理状态，提高精神境界。有人说过，“畏惧是世上最大的恶魔”，那你就应该将这恶魔赶回去，因为如果你热情接待它的话，它就会将你的天堂变成地狱，在此胡作非为。所以，你要准备好大棒恭候它的到来。

每一个领域都在经历着变化，从有形变为无形，从粗糙演变为精致，从低能量演变为高能量，一切都变得越来越美好，越来越精神化。当我们抵达无形世界的时候，就会发现能量处于最纯粹、最活跃的状态，它随时有被激发出来的可能。生物的国度是一个变化着的国度，里面的一切都是流动着的，永远在变化和革新。而矿物世界似乎都是固体的、不易挥发的、不易改变的，其实它们无时无刻不在发生着变化，只是这变化比较细微而已。

我们所拥有的唯一真实的力量就是不断地调整自己，使自己与神圣的永恒原则相协调。这种与全能力量协调合作的能力，也是你未来取得成就的基础。有很多时候，我们常常将一时的冲动、固执、莽撞等错误认为是思想的力量，其实这些只是“伪”思想，它们或多或少能产生成功的假象，让人迷醉一时，但它们所带来的后果不但没有丝毫益处，反而危害极大，甚至会让人迷失目标。

与其沉浸于焦虑、恐惧等一些负面的想法里，不如振作起来，给自己以积极向上的信念。乐观的人，总能收获成功与欢乐；而那些有消极、悲观想法的人，最终只会收获自己种下的恶果。

另外还有一些人确实努力地进取，他们也看到了一种力量之源，但是他们却没能坚持到底，在中途产生了退缩的念头。退缩的念头一旦产生，就会心灰意冷，再也坚持不下去了。

在思想的构建上也有着相似的原理。你为改善自己的思想出力越多，你的心理力量就会创造出越伟大的思想，但是这种过程同样也离不开无意识的作用。很多人在这个问题上无功而返的主要原因就在于他们的努力和渴望还没有能力达到能够创造出无意识的地步。

我们“手头正做的事”应该是我们思想关注的核心，而且可以非常肯定地说，只要我们的思想能时刻不停地绕着这一主题运转，就可以达到精力的高度集中。

我们打个比方就不难明白集中精力的巨大意义了，好比有一个由20根辐条构成的轮子，每根辐条都是一根管子，而这20根管子又与轮轴—— 一根通蒸汽的大管子相连接，因此，这20根管子就构成了蒸汽的20个输出管道。现在将发动机连在其中的一根管子上，那么发动机只能利用其中1/20的蒸汽，而剩下的19/20则排放到了空气中，白白地浪费掉了。但是，假若现在将剩下的19根管子都堵住，这样蒸汽就全部通过与发动机相连的那根管子传送给了发动机，发动机的动力一下子就提高了20倍。普通人的思想就像这样的轮子，思想的轮轴，也就是思想的生命核心处，释放出巨大的能量，但通常这些能量有很多不同的输出渠道，而通往行动的渠道只是众多渠道中的一条，因此人在采取行动时可利用的能量其实只是其中非常有限的一小部分。但是我们要记住，要想达到能量的有效利用，必须将所有的能量用在同一个方向上，因此我们必须将所有其他的渠道暂时堵起来，换句话说。就是要将全部思想的力量都集中到我们正在做的事情上来。

在学习集中精力时我们要知道，那些寻常的方法都是没用的。试图将思想或注意力固定到某一外在的物体上并不会有助于提高我们的精力集中程度。真正的集中精力是一项主观的思想活动，而主观思想是深层次的，也就是说，集中精力应该在思想的深处进行。然而，当我们将注意力集中在外在物体上时，比如盯住墙上的某个小点，就像某些自以为是的导师所建议的那样，思想就开始走向表面化，因此并不是真正的集中精力。任何措施或思维方法一旦导致我们的思想走向表面化，就会造成思想的肤浅倾向，在这种肤浅的思想倾向的影响下，人就不可能再进行深层次的思想活动，但深层次的思想活动对于集中精力来说却是必不可少的。

如果不进行深层次的思想活动，想做到集中精力根本不可能，这是一大必要条件。换句话说，思想必须深入到心理层面，不能只停留在事物的表面，只有进行深层次的思考，才能使思想发挥作用。要想提高自己的注意力，我们所要做的就是有意识地运用下面这两个要素，充分发挥它们的精力集中程度达到一个理想的状态。

第一种方法，就是训练我们的思想在主观世界或心理层面的行动能力。换句话说，就是要使我们所有的思想、感情、思

想活动、心态、欲望等不断地深层次化，事实上，要使所有的心理活动都尽可能地深层次化。每当我们集中精力关注某一个主题或者物体的时候，都要用心去深切地感受，进行深入的思考，并将自己的思想转化为深层次的情感。一旦我们的心理活动开始深化，就会发现自己可以非常从容地集中自己的注意力了，而且是百分之百的集中。

无论我们思考什么，都要试着感觉自己的思想正在进入我们思考对象的生命里，不管我们关注什么，都要试着去感觉自己的注意力在整个思想中运动的情形，而不是仅仅浮于表面。简单地说，我们在集中精力时，就要深化我们的思想，思想越深化，精力就越能集中。不管我们做什么，在集中精力的同时，也不要忘了深化自己的思想，如此一来，我们就会发现自己可以将全部的精力倾注到手上的工作中去，而这正是我们的目的。

第二种方法，是让自己对需要集中精力关注的对象感兴趣。如果我们对这一主题或是物体并不感兴趣，就要尽力找一个最有意识的角度来看。我们会吃惊地发现，不管这个对象看似乏味，一旦我们想对它感兴趣，就几乎可以立即对其产生浓厚的兴趣，一旦我们产生了浓厚的兴趣，自然而然就可以高度

地集中精力了。我们在实践中应结合上述两种方法，让自己的精力高度集中，凝聚思想与精神的全部力量来实现自己的既定目标。

总是从最有意识的角度来看待事物，与此同时，深化自己的思想活动，感受思想活动的内在生命力。如此一来，我们一方面可以对关注的对象产生浓厚的兴趣，另一方面可以使自己的思想活动主观化。而浓厚兴趣与主观思想活动的完美结合就产生了精力的高度集中。不断实践这两种方法，可以提高我们集中精力的能力，让我们能自如控制自己，想集中精力的时候，就能集中精力。拥有这一能力的巨大意义是不言而喻的，因为我们知道人体内蕴藏着巨大的力量，而这一能力可以让我们凝聚起全部的力量来处理我们正在做的事情。

现代心理学家一致认为，人体内的力量只要能用在一起，往同一个方向使，就没有什么不可能的事。而人如果可以自如地集中精力，那么无论想做什么，就都可以做到力往一处使了。科学的思维方式，建设性的心理活动，再结合高度集中的精力，无论理想有多高，我们也一定可以势在必得。在思想与精神力量的利用方面还有一个非常重要的因素，那就是理解启示以及启示背后的力量，而鉴于我们在任何地方、任何情况下

不可能见到的任何事物或遇到的任何情况都会给我们以这样或那样的启示，这一重要因素的重要性更是不言而喻了。关于启示我们可以定义如下：“任何事情物只要可以让我们产生某些想法、观点或者是某种情感，从而使我们头脑中原有的想法、观点或情感发生改变，就可以将其称为启示。”

我们原本持有某种想法或感情，但是后来的所见所闻却使这种想法或感情荡然无存，这就是启示对我们思想的影响。我们的思想原本是健康向上的，但是不健康的画面却彻底地改变了这种健康向上的状态，使我们的思想变得消极堕落起来，这就是思想受启示的力量支配的结果。我们本来很开心，但是见到的情景却使我们想起了什么，人一下子就郁闷了起来，这也是启示的力量在起作用。实际上，以这种方式进入我们思想、使我们的思想状态发生改变的任何事物，都是利用了启示的力量。因此，我们有必要了解这一力量是如何发挥作用的，因为只有这样我们才能趋其利而避其害。

我们大部分的人每时每刻都能接受到各种各样的启示，而其中的大部分都会有所反应。其实，实事求是地说，大部分人在绝大多数时间里都被周围环境的启示所支配。但是，了解思想的力量，了解有害的启示与有益的启示之间差别的人，则可

以拒绝前者而敞开心胸欢迎后者。办法就是每当我们面临不利的启示，就立即转移思想，将注意力集中到可以带给我们相反启示的想法或心理状态上来。换句话说，当有害的启示试图对我们的思想产生不利影响时，坚持自我提示一些有益的想法。如果我们能在实践中如此反复练习，很快就可以使其成为一种潜意识的条件反射，使自己时时刻刻都处在一种警觉的状态，一旦发现不利的启示，思想就立马自动发生转移。

为了避免使自己成为不利启示的受害者——而生活中这样的启示无时无刻无处不在——我们就要用积极、健康的想法或启示填满我们的思想，如此一来就没有剩余的空间去想别的了。如果一直都感觉良好，外界的诱惑就不会有机可乘，从而让我们想到不愉快的事情。把所有积极向上的思想都潜意识化，如此一来，外来的不利思想就任何时候都不可能进入我们的潜意识了。

很多启示并不会产生任何结果，这个我们知道得非常清楚，因为我们头脑中的所有的想法都暗含着某种启示。当我们试图使自己对好的想法产生印象时，其实是希望这些想法所暗含的启示能起作用，但事实却并非如此，原因就在于要想让启示起作用，我们就必须发挥启示背后的力量。启示本身不过是另一种力量借以发挥作用的工具，这种力量就是启示所要传递的思想的生命力。

为理解方便起见，现在假设我们在向自己发出这样的启示：我们身体很健康。这一启示本身不过是运载健康这一思想的工具，如果我们不能同时在思想上感受健康这一思想的内在力量，就没有发挥启示背后的力量，也就不能将健康这一思想传递到我们的潜意识中去。另一方面，如果我们在向自己发出健康启示的同时可以深切地感受到这一思想的内在力量，我们就触到了启示背后的力量，而一旦能接触就可以利用这一力量了，因此，启示就起作用了。

再进一步解释一下，可以这么说，每当我们在思想上感觉到启示所传递的某种思想的内在生命力，就是利用了启示背后的力量。当我们感觉到这一思想的时候，就对这一启示做出了反应，如果没感觉到，就是没有反应。这就解释了为什么启示经常不能发挥任何作用，不仅在日常工作生活中这样，在心理治疗中也经常碰到这样的问题。当我们在想健康的同时也能深切感觉到健康的内在生命力，那就可以使我们的身体机制处于一种健康的状态了；而当我们想和谐的时候，思想就能触摸到和谐的灵魂，那一定可以创造身体机制的和谐；每当我们想起幸福的时候，思想上

就沉浸在了幸福的海洋里，那么就一定可以产生幸福的心理，因为我们发挥了传递幸福的启示背后的力量。

两个人可能在相同的情况下提出了一个同样的建议，但我们却只接受了其中一个人的提议而完全不理会另一个人在说什么，原因就在于其中一个人仅仅是泛泛地谈论自己的建议，而另一个人却能让建议本身来说话，其中一个人的思想只是在绕着所建议内容的外围打转，而另一个人的思想却激活了这一建议的内在生命。因此也就是说一个人只能利用建议本身，而另一个人却可以利用建议背后的力量，而我们要想使建议起作用就必须发挥其背后的力量。同样的道理也体现在人们的演讲中。当人们就某一主题做演讲时，如果仅仅只是谈论这一主题的外壳，就不能吸引听众。京戏能让在场的所有人都听得津津有味，原因就在于他们触及了所讲主题背后的力量。我们都会时不时地想向别人提出这样或那样的建议，这时如果我们能够发挥建议背后的力量，别人就可能听从我们的建议，否则，就不会有人理我们。

这样一来，我们就明白了如何运用启示背后的力量的巨大价值了。想学习利用启示背后的力量，我们可以训练自己深入我们想表达的每一个思想的生命。当我们试图让某种思想活起来的时

候，就表现出了其内在的力量，当我们试着去感受这些思想所蕴含的生命与真理时，就可以成功地让这些思想活起来了。

要想让思想的力量结出最丰硕的果实，我们必须明白生命中任何有形体、可运动的东西其背后都蕴藏着某种力量，正是这种力量的存在才产生了我们思想与心理的变化。如果我们仅仅能够意识到一些想法或观点的形体，那这些想法或观点就不会产生任何作用，只有当我们深切地感觉到这些思想的灵魂时，才能激发唯一可以使心理世界发生变化的因素。任何思想或者启示，如果传递的仅仅是一种外在的形体，就注定不会取得任何成果，是空洞的思想，不会使人产生任何印象。但是，如果我们可以同时传递思想内部所蕴含的生命与灵魂，那么这些思想就成为活的力量，充满生命的力量。这时，我们就进入了深层的思想世界，开始穿越思想深处的激流，开始利用思想世界深处所蕴藏的巨大力量。

思想决定善恶标准

我们最常谈论的道德世界的核心作用词汇是“善”与“恶”。“善”是有意义的，是可能触摸的；而“恶”不过是一种反面的状态，是“善”的缺席。

思想具有两面性，有体现“善”和“恶”的能力。如果我们的思想是建设性的、和谐的，彰显的就是“善”；反之，如果我们的思想是破坏性的、不和谐的，彰显的就是“恶”。

在道德世界中随处可见同样的规律，“善”与“恶”是对立的，“善”是有意义的，也是可能被触摸感知的，而“恶”呢，无非是一种反面的状态。虽然有时候“善恶”同样也是一

种客观存在，但它没有法则可循，没有生命，缺乏活力，总是被“善”摧毁，就如同光明驱走黑暗，真理打败谬论一样。当“善”现身，“恶”就会灭迹。所以在道德的世界中，只有一个法则“善”。

迄今为止，人们一直在探讨一个问题——“恶从何而来？”宗教向我们宣扬了神的全知全能，神一直普度众生，关照着众生。既然神如此地爱护我们，那世间为什么仍存在如此多的邪恶与黑暗，又为什么要划分出地狱和天堂?

人就是内部世界的“精神”在外部世界的一种体现形式，也是创造力的产物。这种精神只有一种特殊的属性——思考。

随着创造力不断再现，思考表达为思想，这也正是创造的过程。因此，世上的一切都可称为思想过程的产物。外在世界中不论是发生的还是毁灭的都是创造力的产物——思想过程的产物。思想创造力的产物包罗万象，如人们肉眼可见的各种发明创造、组织结构以及建设性活动。

所谓的“善”，就是思想的创造力创造出对人类自身有益的、人们向往的结果。

所谓的“恶”，就是思想创造力产生出对人类自身有害的、不希望见到的结果。

据此，我们在解释了“善”与“恶”的起源的同时，也能够简单地区分它们。就创造本身来讲，它就是思想的过程，而“善”与“恶”都是用来形容这种思考或创造过程所产生的不同“果”的名称而已。思想决定着人类行为，不同的人类行为导致不同的人生之“果”。

不论是“善”还是“恶”，它们都不是实体，也没有固定的形态，不过是描述我们行动结果的词语而已，正是由我们思想的性质决定了我们的行动。

那些破坏性的思想既伤害对方，更伤害自己。破坏性思想因自身的矛盾因素也会最终走向消亡，但在其消亡的过程中，它会把疾病、患难或者其他形式的不和谐带给我们。

由此看来，善与恶仅仅被看作是表示我们思考和行为结果两个相对的术语。我们若只抱有建设性的想法，结果就会让我们和他人受益，我们将这种益处称之为“善”；我们若抱有的是破坏性的想法，就会给我们自己和他人带来不和谐的结果，我们将这种不和谐称为“恶”。正如我们通过理解电的规律从而能利用电来产生光、热和力一样，但如果我们忽视或不知道电的规律，结果就有可能是灾难性的。在前一种情况下，力并不是善，在后一种情形下，它也不是恶；我们对规律的理解决

定了究竟是善，还是恶。

在道德世界中，我们总是谈论“善”与“恶”，但经过研究我们发现，善与恶只不过是两个相关的术语。想法领先于行动并预先决定着行动。如果这一行动给自己和他人带来好处，我们称这个结果为善。如果这个结果对自己和他人不利，我们就称之为恶。因此我们发现，“善”与“恶”只不过是为了说明我们行动的结果而生造出来的两个词，而反过来，行动是我们想法的结果。

人们每天为身体摄取食物和营养，但很少有人为思维这个更为重要的部分提供营养。让我们每天都留出几分钟的时间，为思维奉上一顿丰盛的晚餐。首先，放松！在沙发上或是舒服的椅子上充分伸展，让每一寸肌肉、每一条紧张的神经都得到彻底的放松。忘记所有的恐惧和担忧，让身体和精神充分放松。

只有一些人知道怎样做到完全地放松。我们中的大多数人都会处于维持的紧张之中，这种紧张并不是我们由真实的工作带来的，但会对健康产生干扰。

用最舒服的方式躺在床上或是沙发上。首先，全身伸展。当你再一次感受到无拘无束彻底伸展的时候，抬起你的右脚和右腿，再慢慢地放下，放慢动作重复两次。然后，左腿也做同

样的动作并重复两次。接下来，依次是右臂和左臂。做完一套动作之后你会感到身体的每块肌肉都彻松弛下来。你可以忘记它们的存在，把注意力转移到别的事物上去。

试着想象自己拥有无穷的力量，尝试回忆破晓时分，思维从静默空气中慢慢苏醒，加快那时脑海中浮现的天堂和人间。

请记住，虽然你的思想相对于宇宙智慧来说只不过是汪洋大海中的一滴水，但这滴水却凝聚着海洋的全部财富；是质量上的一而非数量上的一；你的思维拥有一切宇宙智慧的创造力。

另外一点是让一切呈现在心中——看着自己把它做好——像宇宙思维反映一切生物一样，让客观事物在内心呈现。

接下来是信念。坚信你已经拥有想要得到的一切，而并不是将要得到。记住，你已得到它。

最后一点是感激——向你获得的东西表示感激，向让你勇于创造的力量表达感激，向所有智慧赋予你的礼物表达感激。

古往今来人类一直想弄清楚恶是从何而来。按照宗教的说法，宗教向人类诠释了神的全知全能以及对众生的普度与关照，但神既然如此无所不能，世间为何仍存在众多的邪恶与黑暗，为何又要区分出地狱和天堂？神即为众生之主，而且还创造了人类，为什么还给人来带来苦难呢？因此，宗教只是一家

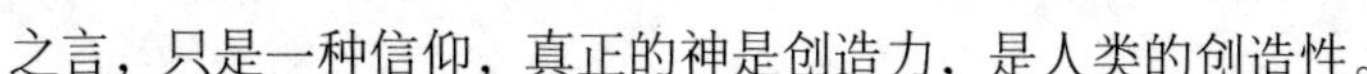

之言，只是一种信仰，真正的神是创造力，是人类的创造性。

精神无所谓好坏，只是一种存在而已。将精神分化为不同形态的能力，就是我们彰显善恶的能力。正如我们通过掌握电的规律用它来产生光、热和能量一样，但假如我们不知道或忽视电的规律，世界可能还不得不靠蜡烛和灯笼来照明。

因此，善恶都不是实体，只是用来描述行为结果的词语而已，而行为又是由思想性质决定的。

如果我们的思想是积极而和谐的，我们就会表现出善的一面；如果我们的思想是消极而不和谐的，那么我们就会体现出恶的一面。

道德世界也没什么区别。我们有“善”与“恶”的区别，但“善”是真实可感的，而“恶”不过是缺乏“善”的一种反面状态。虽然有时候“恶”也非常真实，但它本身无迹可循，是没有活力，也没有生命力的。我们之所以知道这一点，是因为“恶”总是被“善”摧毁。如同真理赶走谬误，光明驱赶黑暗一样，一旦出现“善”，“恶”就会随之消失。因此，道德世界只有一个法则存在，那就是“善的法则”。

未被开发的金矿

你最主要的问题就是能量——电子能，就像为你聚集了你拥有的物质财富的能量一样。唯一的区别在于你周围散乱的能量是未被占用的。它仍是一座天然的金矿——未被开发，未被占领。你可以把它变成任何你期望的——变成黄金还是渣滓，健康还是疾病，强势还是弱势，成功还是失败。它会变成什么？莎士比亚说：“没有什么东西生来就是好的或坏的，是由于人的思想，它们才有了好坏的分别。”一旦你理解了这条法则，就可以控制所有其他的法则。在这里你可以找到打开一切成功之门的万能钥匙。

努力拼搏能够成功，同样失败也取决于你自己。尽管有人可能把这一切的困难或是厄运都归咎于超自然的神灵，但实际上这所谓的“超自然的神灵”，只不过是那处于平衡状态的“心智”罢了。

或许，你并不知道视觉化的力量怎样控制了我们的环境、命运、性格、能力和成就，但这却是不可否认的科学事实。你渴望的境遇本身蕴含着所需的一切，所需的人和事都会在合适的时间和合适的地点出现。

人和事是可以相互影响相互渗透的，正所谓“近朱者赤，近墨者黑”。如果一个人长期与伟大的理念、伟大的事业、伟大的自然物、伟大的人朝夕相处，那么他就会在潜移默化中受到鼓舞，思想也会随之变得深邃。

视觉化是想象力的产物，因此也是主观世界，即“内心世界”的产物。视觉化拥有旺盛的生命力，在人们的不断摸索实践中成长起来，它是经过千百年发展进化而趋于完美的机制。

视觉化是借给我们思想的一双眼睛，是一种非常实用的机制，使我们能够直观地看到无法在物质世界中显形的精神，许多伟大思想的产生都要归功于视觉化。

让我们做一个视觉化训练。取来一粒种子，不管是什么种

子，花也好，草也好，只要把它埋入土中，给它浇水，悉心照料它，把它放在让阳光能够直射到的地方，看那个种子抽出嫩芽。于是，一个活着的、开始获取生存物质的生命就诞生了。

利用视觉化的机制你能够看到那些生命的细胞，它们不断地分裂、再分裂，不久就增长到成千上万个，每个细胞都充满智慧，知道自已想要得到什么，并知道该如何实现。种子的根，正在向泥土中延伸；它的芽，正在向上伸展；它长出嫩叶，向上向前生长，它的枝丫是那样的完美匀称，它的叶子逐渐长成，它抽出小小的茎秆，一个个害羞的小花蕾正腼腆地对着你笑。

你能够看到自已想看到的任何东西，因为我们能视觉化。有意识地集中注意力，你喜爱的花儿就会出现在你眼前，你将闻到一股清香，这是你视觉化带来的芬芳。当你能够让你的视野变得清晰明朗，你就能够进入到一件事物的灵魂深处。

不管你的意念是集中在一朵鲜花、一个棘手的商业方案上，还是在健康、理想上或是人生的其他种种问题上，视觉化能令精神世界异常真实地展现在你的面前，你唯一要做的就是心神的集中。

伟人们的经验表明，所有成功都是通过把意念恒久地集中

于看得见的目标上而实现的。

思想和心灵的状态符合对立又统一的哲学规律。我们的精神状态决定着我们的能力和心智，而我们的思想又决定着我们的心灵状态。

思维是一切事物的起因，其导致的结果就体现在我们的生活环境里。我们要引导思想，使之朝向我们的目标，以这种方式来对周围的环境及我们自身加以塑造。普通的动物生命总是被温度、气候、季节等自然环境所控制着。只有人类能够适应诸多不良的自然环境。只有人类可以通过对因果关系的理解，来使自己在很大程度上摆脱自然环境无形的约束，获得更多的自由。

“有思想的人是非凡的，”一位作家说，“因为他们可以掌控自己的思维和感觉。通常人们都认为，一个人的头脑被某种思想所占据，并成为自己的思维的牺牲品是一件不可避免的事情。如果一个人因为担忧第二天的诉讼，整个晚上都无法入睡，这是一件令人遗憾的事。但是命令他要有能力决定自己是否能安心入眠，看起来是一个过分的要求。不停地想象一件即将发生的坏事无疑是很让人烦恼的，但是就因为我们觉得烦恼，这个念头就更加在你脑海中阴魂不散，想驱逐也是徒

劳的。人类及其以后的世世代代，都将处在一种荒谬可笑的处境中用他自己头脑中不可信赖的创造力来驱赶恶魔。如果我们鞋里的一粒石子儿硌痛了我们的脚，就会把它倒掉，脱下鞋把石子儿摇出来。同样道理，一旦我们清楚地了解到一件事情，那么赶走一个强行闯入的讨厌的念头也是很容易的。关于这一点，我想应该没有人持异议。这一点是很明显、很清楚的，也是正确无误的。要驱逐一个使你烦恼的念头应该如同倒出鞋里的一粒沙子一样简单，而且除非一个人做到了这一点，否则就不要提什么摆脱自然的控制等等之类的话。做不到这一点，他就只是一个奴隶，只是一个掠过他头脑的阴暗幻影的牺牲品。我们所见到的千千万万疲倦、麻木、痛苦的面孔（即使是在优越的现代文明的浇灌下），就无比清晰地证明了这种对自己思想掌控是多么少见，多么难以做到。要找到一个真正的人有多难！而要找到一个在自己的烦恼、担忧等想法暴君一般地挥舞着鞭子统治下畏缩不前的人却那么简单！

物质本身是没有智慧的，不管是以什么状态存在的物质——石头、金属、木头、动植物，它们都是由能量组成的，宇宙中的所有有形物质都得益于精神的创造。

当我们理解了这一点，我们就不会再因为任何事情而担忧

恐惧。还记得那个古老的神话传说吗？有一天，太阳听到一群地球上的生物在讨论他们见到的一个黑暗之处，他们把那个地方描述得极其阴暗幽黑，令人毛骨悚然。太阳很好奇，就去找他们说的那个地方。到了之后四处寻找，却一点也没发现黑暗在哪里。它回来以后就告诉那些地球生物说它不相信这世上有任何黑暗的地方。

当太阳闪烁着耀眼的光芒照射着我们生活中每个黑暗角落时，我们会发现，除了美好，再没有其他。不幸并不是一种实体——它只是由于缺少了美好。没有一件倒霉的事情不是由一个不幸的原因所导致的。既然现在没有了导致不幸的原因，就只会产生理想的结果。

不要满足于只是被动地阅读这些文字。运用这些原理！练习这些技巧！练习对于精神发展的重要性甚至大于其对于身体发展的重要性。每天都要坚持不懈地练习。将你的思维触角伸向更远，看看它所能触及的空间有多么辽远，多么无边无际。把你脑中从前存留的那些关于疾病、灰心、失败、焦虑、烦恼……全都当作废气一样呼出体外。深深呼一口气，然后再吸进无限的健康与精力，快乐和成功。学会期待——期待那些美好的事情的发生——更多的健康，更美的面貌，更大的快乐，

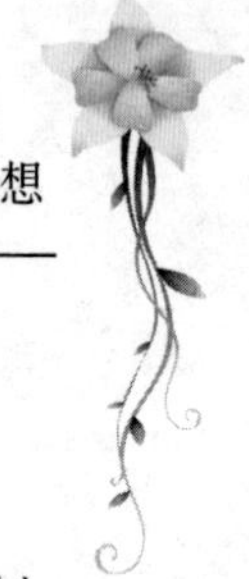

更耀眼的成功。每天都做这种精神上的吐纳，你会看到要控制自己的思想有多么简单，要看到好的结果有多么迅速。

只要你一直想着你的目标，你的梦想总会实现。思想总在一刻不停地积累，不管是好的，还是坏的。所以一定要记得呼出所有关于失败和挫折等消极的想法，再把那些你想要实现的美好的想法纳入肺腑。

思想的共鸣

和所有其他自然现象一样，共鸣是思想赖以传播的普遍原理。每一个想法都能引起共鸣，振动，以一波又一波的形式向外扩散或逐渐减弱。

乔治〃马修〃亚当斯说：“学会关上你的大门，不要让任何不能给你的现在和未来带来明显益处的东西进入你的心灵、你的工作、你的世界。”这其中的道理是真切实在的，因为每个人都很有必要培养一种有助于建设性思维的心态。有些想法是有价值的，是与“无限”步调一致的，它能够生长、发展，进而结出丰硕的果实，那么我们必须保留它、珍惜它、发

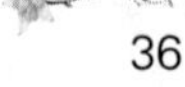

展它。你的想法如果是批评性质的或具有破坏性的，那么在任何条件下都只能招致混乱与不和谐，于人于已都毫无用处。因此，这些想法就像一个个毒瘤，我们要毫不手软地剜去。

那么，你又如何通过思想的力量去帮助他人呢？当你希望一个人战胜局限与错误，从困难中解脱出来时，只需从你的思想层面上作出努力，从意识上去帮助他。这种意识可以让你们在思想上得到共鸣，你内心中对软弱、匮乏、局限、危险、困难进行战斗与消解的想法也会同时传递给他，从而协助他得以解脱。

当然，思想本身的活跃性和它无穷尽的创造性会时常使你一不留心即专注于眼前境遇的不和谐。但你不必担心，只要你坚持自己的真理，相信一切现象并非事实本质，你就可以战胜暂时的困难，精神上也会得到永不消逝的力量。

我们身体的肌腱需要加强锻炼，才能变得更加结实健美。对精神来说，同样需要锻炼，需要营养，否则就无法变得强大。

古往今来，健康长寿一直都是人们孜孜以求的，然而就目前来看进展甚微。长寿不仅仅是依靠经常性的锻炼、控制呼吸、每天喝八杯白开水、食用天然食品等就能得到的。以上这些都是细枝末节，不是问题的关键，其中的关键在于无知，而

无知就是一切错误产生的根源。但当人们敢于肯定自己同一切“生命”协调统一时，就会发现自己变得耳聪目明、四肢灵活、活力四射，就会发现自己找到了一切能量的源泉，仿佛得到了长生不老的仙药。

知识的获得带来能力的增长，这是宇宙的灵魂，是成长和进步的决定性因素。知识的获取和证实是能量的组成部分，而这能量就是精神能量——潜在于一切事物核心的能量。

所谓直觉印象的再加工就是要对其本质从各方面进行透彻探析，分析其可能的活动、倾向、潜力及缺陷。

大千世界，纷繁复杂，其中又藏着多少诱惑，要将外界的各种诱惑一一进行转化，使其与我们的理想追求相一致，使我们追求到底的决心更加坚定。面对纷繁复杂的世界，绝不能闭上眼睛，将一切拒之门外，相反，要睁大眼睛，认真地审视周围的世界，绝不放过任何有价值的东西，充分吸收利用外界带给我们的启示，逐渐形成自己独立的思想体系。不断增强自己控制思想的能力，让思想为自己服务。如此一来，就可以逐渐成为一位高人了。

普遍性理念不受任何东西约束，我们应该充分认识到它的自由性，让自己的心智与普遍性理念结合起来。我们被限制

的可能性越小，所获得的力量就越大。它是无所不在、无所不知、无所不能的，它是一切力量和形态的根源。万物本来就被自身束缚，并被自身所创造和维持，与一切固有的规律具有一致性。这就是创造性在得以完美表达时产生的思想力量。无论它曾出现在哪里，它的本质都是相同的，宇宙的秩序与和谐就因此而存在。当你深刻领悟到了这一道理时，生活中的任何难题也就迎刃而解了。

普遍性理念充分体现在我们身上，我们的内心拥有无限的力量和可能，它们全都由我们的思想控制着。我们拥有的这些力量与普遍性理念是相结合的，所以我们改造世界，让世间万物为我所用。不管是宏观世界还是微观世界，它的存在都是一样的，只不过由于表达能力不同而显示出来的力量有所不同而已。

凭借思想的力量我们把水变为蒸汽，让它推动机械运转；我们认识了闪电，并加以利用；我们征服了江河，驯服了无情的洪水；我们征服了空气，甚至征服了我们所在的星球。

外在的生活条件和环境只不过是思想的一种反映，我们通过思想去表达我们的渴望。为了更好地表达，我们必须在意识里创造相应的条件。要么是悄无声息的，要么是反反复复的，我们把这一条件嵌入潜意识里。所以，正确思考的重要性远远超乎你

的想象。视而不见，充耳不闻，都无法让我们正确理解。换句话说，没有思考，就无法去理解。

第二章

思考的价值

思考就是力量

思考就是力量。宇宙中存在着两种物质：力量和形式。当我们认识到自己已经拥有这些，并可以支配它们作用于客观世界时，我们就在精神领域跨出了第一步。宇宙智慧是所有力量和形式的“物质表现”，是一切事物的现实基础。宇宙智慧符合既定的法则，从自身出发又回到自身，它让一切成为现实并继续向前发展。这是对思维强大创造力的最完美的表达。宇宙智慧是一切意识和力量的集合，它的作用随处可见。从它的不同表现形式中可以发现一个共同点，所有的思维都起源于一个思维，所有想法都是相似而统一的。这就解释了为什么宇宙中的万物都生存得和谐自然，井然有序。如果你理解了这一点，那么你就已经获得了解决生活中一切困难和问题的能力。

我们捕获了闪电并把它转变成了电能。我们利用了水能，让冷酷的洪水变为温顺的奴仆。通过神奇的思考，我们加快了水蒸气液化的速度，从而实现了人工降雨。我们开凿人工湖泊，让幻想中的浮动宫殿变成了现实的水上楼阁。另外，我们在对空气的征服中也取得了胜利。虽然，我们也曾在银河的渺渺浩波中迷失方向，但我们最终做到了，我们征服了时间和空间。

如果现在我们有这样两根电线：它们的带电量不同，第一根承担的电流比第二根要大，那么当它们足够接近时，第二根电线就会通过电流感应从第一根中分担一部分电流。这个现象也可以解释人类对宇宙智慧的态度，他们都是无意中与力量之源取得了联系。如果把第二根电线捆在第一根上，那它们就会分担同样大小的电流。当觉察到“力量”的存在时，我们就变成了“有生命的电线”。因为通过意识，我们与“力量”结合在一起，我们拥有使用无穷力量的能力。这样看来，无论在生活中出现何种状况，我们都有能力游刃有余地把它们解决。

宇宙智慧是一切力量和形式的源泉。它的力量要通过我们作为渠道来呈现。因此，我们自身中蕴藏着无穷的力量和无限

的可能，一切都在我们思维的掌控之中。我们拥有这些力量，因为我们与宇宙智慧联合成一个整体，所以我们可以改变或控制所有降临在我们身上的经历。对于宇宙智慧来说没有什么是不可能的。因此，随着我们对自己与宇宙智慧的联系和了解的愈加深入，限制和残缺的概念就会在脑海中愈加淡化，从而更好地理解它的伟大力量。

不管是无限大，还是无限小，无论宇宙智慧以何种表现方式存在，它的本质都是相同的。世间万事万物之所以会展现出不同的力量，是因为它们自我呈现的能力各不相同。相同质量的土块和炸药所含有的能量大小完全一样，可是，炸药能被轻易点燃，释放出能量，而我们却不知道怎样才能让土块中的能量也得到充分发挥。

出于表达的需要，我们必须在意识中创造相应的条件。可以静静思考，也可以在潜意识中不断重复这种条件，从而打上深刻的烙印。意识理解了我们渴望的条件，思维将它们呈现出来。出现在我们生活或是周围环境中的种种条件都只是对我们脑海中起决定作用的思维的反映。所以，对正确思考的重要性无论怎样重视都不为过。“有眼无珠，闭目塞听，这样的人永远无法理解世界。”这是表达真理的另一种说法。没有意识介

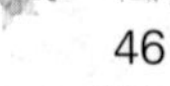

入的理解根本谈不上是理解。

依照吸引力法则，我们的经历取决于精神上的态度。有些事情是互为因果的，精神的态度从很大程度上看是性格造成的结果，而性格的形成又受到精神态度的重要影响。每一次作用和反作用都会对两者产生深远的影响。似乎在每个经历背后，“幸运”“机会”和“命运”都在盲目地发挥着作用。事实并非如此，每一次经历都会受永恒的法则控制，而我们可以掌握这些法则从而创造出我们希望的条件。

在宇宙中，我们看到的实实在在的一切都是由物质组成的，物质在力量的支配下运行。事实上我们都知道，它的外在表现只不过是被赋予的一种形式罢了。存在形式可以被分作四个等级。首先，是毫无生命力，仅仅作为形式而存在的物质，比如钢铁和大理石。其次，是有生命的，或者说是有器官的物质，像各种蔬菜和植物。再次，是既有感觉又具备自发运动能力的存在形式，例如动物。最后，除了具有感觉和自发运动的能力外，自身还存在可以指导各种活动的意识，这种存在形式就是人。

潜存在所有成功的商业关系和社会条件背后的基本原则，是认识到内在世界和外在世界、主观世界和客观世界之间的区别。

没有了你，以你为中心的周围的世界将不再运转。物质、有组织的生命、人类、思想、声音、光线和其他一切的振动形式，宇宙本身和它包含的无数千变万化的现象，你周围的所有物质都会向你发出振动的信号，光的振动，声音的振动，或是触觉的振动；喧闹和温柔，热爱与憎恨，善良或邪恶的想法，明智与愚笨，真实与虚假。这些振动都直指向你，或大或小，或近或远，或直接或间接。然而，在这些振动中，只有很少的一部分可以进入你的内部世界，而其他的只不过是擦肩而过，当你意识到它们的存在时，它们早已消失得无影无踪。

一些振动或力量对你的健康、能力、成功或幸福来说是至关重要的。当它们从你身旁经过你却毫不知情，你的内部世界对它们的振动也并无察觉时，你要怎么做呢？卢瑟〃博班克说：我们刚刚开始认识到人类的大脑是一个多么美妙的机器。现在，我们站在知识之门的入口。而直到昨天，我们还被拒之门外。人类在毫不知情的情况下传递和接收了无数信息，或许已经有几百万年。然而，与此同时，人们又在接收到的不良思想的折磨下承受着痛苦，并在传递不良思想时感到无比煎熬。我们可以把大脑比喻成一台非常简单的工具收音机，这可以帮助我们理解大脑能够做些什么以及它正在做些什么。

那些了解收音机工作原理的人一定会知道“干扰台”的含义：无数的发射站在同一时间开启，不同的电波一起挤入窄窄的波段之中，从而造成了电波干扰。人类无时无刻不在思考，于是，大脑始终处于传导各种脑电波信号的状态中。用于无线电传输的长波段“干扰台”现象与人脑十几亿的脑电波传输相比，根本算不了什么。对于辽阔牧场上空的天空来说，喧闹这个词的色彩是相当浓烈的，但那些了解如何操控无线电接收原理的人会理解这种用法的含义。举个例子，无论无线电波多么拥挤，无线电接收器都会像石头一样安静，除非你想调整波段，利用它们相同的频率引起共鸣。那时，安静也许就会变成令人难以忍受的尖锐的鸣叫。这就是喧闹要表达的意思。

每一人都同时向外传递信息，因而以太就像一间挤满了人类思考的房间。由于我们散播信息的强度不同，造成的结果是振幅较小的振动被振幅较大的所淹没。与此相似，那些不成熟的不堪推敲的想法必然会面临崩溃，而真理会一直走到世界的尽头，让所有的人都听到它的声音。也有一些想法，因为它们自身的合理性很容易被大众接收，从而成为社会公认的真理，即使它的人类传导者的自身传播能力并不是很强。

如果把意识看成一个集合名词，我们就可以说，它是一种

客观作用于主观的运动形式。无论我们睡熟还是清醒，这种运动都在一刻不停地进行着。意识是体验和感受的结果。我们可以很容易地把意识划分为三个阶段，它们彼此之间的区别是很明显的。首先是简单意识。这是所有动物都具有的意识。它是一种对存在的感应，通过它我们可以知道"我们存在"和"我们在哪里"。通过简单意识，我们能够察觉出多种多样的客观事物和千变万化的环境及条件。其次是自我意识。这是除了婴儿和精神障碍者之外的所有人类都具有的意识。它赋予了我们自主计划和思考的能力，也就是除去作用于内部世界之外的，宇宙对我们的影响。"自我设计自我。"在其他因素的共同作用下，语言开始出现，每一个单词都成了一种思维或想法的符号。最后阶段是宇宙思维。这种思维形式就像自我意识凌驾于简单意识之上一样，远远超越了自我意识的作用。它既与视觉不同，又与听觉和触觉相异。一个盲人感觉不到任何有关于颜色的真实的概念，然而他的听觉和触觉却可以很灵敏。

无论是简单意识还是自我意识都不能获得对宇宙意识的了解。它们间就像视觉与听觉一样截然不同。在听觉上失聪的人不可能通过视觉和触觉来弥补自身的缺陷，获得对音乐深层含义的理解。宇宙意识是对必要条件进行创造的结果，所有宇宙

智慧能给人以方向上的指引。所有与自身愿望相契合的振动都可以被宇宙智慧捕捉从而为己所用。

真理没有经过推理和观察的过程而被直接地理解，或成为意识的一部分，这叫作直觉。思维可以通过直觉不断地察觉出两种想法之间的赞同和反对意见。而自我心智就这样认识了真理。思维还可以通过直觉把知识转化成智慧，把经验转化为成功，并能把存在于内部世界的东西带到正等待我们参与的外部世界中去。直觉是宇宙智慧的另一阶段，它像意识中的真相一样代表了真理。

激发思考力

宇宙精神通过潜意识作用于我们的思维，也就是说，我们可以掌握一切自然法则，因为我们的思维本身就是与宇宙精神共通的。为了更容易地发现事物运行的基本规律，我们应该细心思考每一个引起我们注意的现象。然后就会发现，一切事物都可以被我们所理解，能够认识一切创造力的思想。

思想的形态、性质和生命力决定了它的结果，三者共同作用决定了思想的性质。有建设性的思想的特征是有勇气、有胆识、有力量、意志坚强。如果我们满怀有建设性的思想，那么我们的行为也会表现出同样的特征，从而建设积极的将来。建

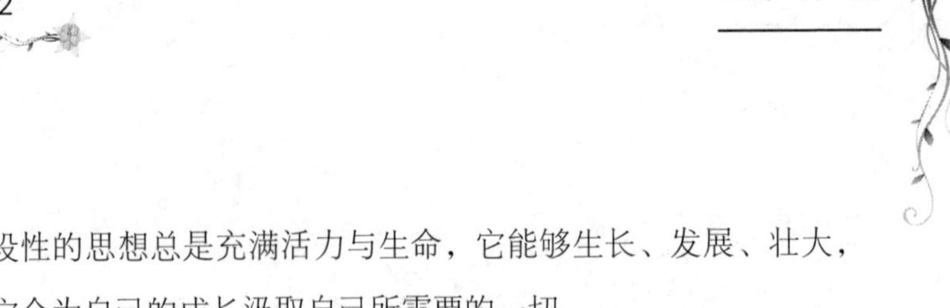

设性的思想总是充满活力与生命，它能够生长、发展、壮大，它会为自己的成长汲取自己所需要的一切。

在实现伟大思想的过程中，在经历与这些伟大思想相吻合的过程中，心灵能够欣赏更高事物的价值。

力量来自于放松，紧张反而导致沮丧。集中心神意念，不要有意识地为实现目标而努力去做什么，凝神思考，使你的意念完全与它合二为一，直到你再也意识不到别的东西存在，这时力量就会渐渐浮现出来。

通常人们会认为思想意识只会对大脑产生影响。其实不然，它会影响到人的整个有机体。人体全部由细胞构成。因此我们只是一堆细胞的集合体，人体细胞包括脑细胞、骨细胞、肌肉细胞等12个种类。如果生病了，就说明身体内的细胞受到了损伤。要实现身心最佳状态和最大力量，则依赖于全身的协调一致和完全整合。

客观思维决定了你的未来。可是仅仅幻想自己会变成那样或是这样并不一定就能让你达成心愿。为了创造客观思维，那就必须直接按照潜意识思维的引导行动，不过当你对自己有了一定的定位之后就不可能影响自己的潜意识了。对你自己的一点评价并不会影响或者改变你的潜意识，只要坚定自己的潜意

识，自身就不会有所改变。而当你思考自己的外在和内在的时候，实际上你就是在主观地行动，为了改善你自身，就必然要付诸客观的行动。

我们不可能改变以往的经验，但可以决定今后的事情如何去做。可以让未来的日子变成我们希望的那样，让今天没有实现的梦想在明天实现。我们的思维就是起因，造就的环境就是结果。造成生活中的大多数的不如意的原因是什么？事实是他们先想到了失败，让竞争、困难、恐惧和担忧摧毁了自信心。他们不仅没有迎着挑战勇往直前，花今天的钱来赚更多的钱，反而为了安全起见停止投资，还希望别人陪他一起消磨时光。要知道，“强有力的进攻就是最佳的防卫”不只在战场上适用。

我们每个人，作为个体之间不同的主要区别就是每个人的思维特点和思考能力的不同。这个区别正是人的内在意念的外化手段。而具体的想法则是由意念本身—— 一种静态能量的微妙形式所产生的。想法是意识的动态阶段，而意识是想法的静态阶段，由此可知，两者是同一事物的不同阶段的表现形式。从静态的意识到动态的想法再到现实中起作用，这正是人类的思维过程。

思维的表现具有双重性：有意识的或是客观的以及潜意

识的或是主观的。我们与这个世界的联系依靠的不是客观的思维，而是通过潜意识中的思考达成。我们努力区分意识和潜意识，想从中找出细微的差别，然而，实际上这种差别却是不存在的。但是，这种区分也有它的合理性，有时会给我们带来方便。所有的思维都相似而统一。在人们精神生活的各个阶段都存在着这样唯一的不可分割的联合体。

是潜意识中的思维把我们与宇宙智慧联系在一起，从而使我们有条件支配所有力量。对事物的观察和对各种人生经历的体验通过表层的意识思维过滤，然后储存在潜意识思维当中。潜意识是所有记忆的仓库，同时，它也是智慧的花园。这里撒满了思维的花种，细致的观察也将各种经验和阅历的幼芽在土壤中播下，随着它们的成长，意识的果园中一次又有一次变得花团锦簇、硕果累累。意识是内在的，而思考是外在力量的表现。它们紧密相连不可分割。那种想不经过思考就获得可靠合理的认识的想法简直就是天方夜谭。

我们的精神状况，也就是意识，会随着知识的积累获得相应的提高。知识可以通过观察、体验和反省等方式获得。我们是利用思维去了解这些无价的财富的，所以，这些财富建立在意识的基础之上。意识存在于世界的本质之内，而我们获得的

各种形式的财富则是世界的外在物质体现。

存在于世界本质之内的是思维，让我们努力获取世界外在财富的同样也是思维。思维通过思索、精神图景、词语和行为不断地丰富着自我。思维是一种富于创造性的活动。只有养成良好的思考习惯，我们才能有力量创造不错的条件、舒适的环境和其他美好的生活体验。我们要做什么取决于“我们是谁”；而“我们是谁”则取决于我们的思维习惯。在我们有能力做什么之前，必须知道自己是谁，在我们知道自己是谁之前，一定要牢牢掌控住自身思考的强大力量。

建设性地利用思维可以在潜意识中创造一种趋势，这种趋势可以不断地呈现自我，比如说性格。“性格”这个词的含义就像是在图章上刻下的一个标志性的符号，是“由一个人的天赋和习惯所决定的某种特殊的品质，是一个人区别于其他人的特征”。性格的表现可以分为内在和外在，内在表现为目标，而外在表现则为能力。

思考的能力

今天的社会是多元化的，有着大量的、繁杂的信息。但千万不要对此感到迷惑和厌烦，因为对于解释自然规律来说，大量事实有各不相同的意义和价值。我们可以通过观察，收集越来越多的资料，再用归纳法对一切事实进行筛选，得到新的运动规律。毕竟一切事物要想运动都必须供给它充足的动力和燃料，食物就是这些燃料的物质形式。对于人的思考来说，食物就是使它产生运动的物质燃料。一个人不吃东西就无法思考。我们的思维，如果不借助一定的物质手段，当然也就无法转化为快乐与幸福的源泉。

你的那些强大的、积极的、富有建设性的思想会带来积极的结果，这体现在你的身心健康、事业经营的状态以及你的生活际遇中。而你那些负面的、怯懦的、具有破坏性的思想，也会在生活中带给你恐惧、不安、焦虑的情绪，让你的生活变得困顿、颓丧，使你在事业、感情中产生不和谐的音符。

思想充满能量与活力，在20世纪上半叶，思想创造了无数看似不可能的奇迹，这在前50年，甚至是前25年都是不可想象的事。如果思想在短短的这50年之内就铸就出这样不可小觑的辉煌，那么，可以推想，在下一个50年结束时，我们又会站在怎样的一个高度呢？

总有一天，也许就在某个宁静的清晨，人类就会知道越来越多宇宙精神运行的真理，从而调整和改变人类的思想和行为模式，人类将会因此变得更强大。

幸福、繁荣和满足是清晰思考和正确行动的结果，因为思想先于行动并且决定着行动。一点儿人为的兴奋，如令人迷醉的酒精可能暂时平静一下感觉，并使问题变得模糊，但正如在经济和机械领域一样，每一个行为必然跟随着一个反应。在人际关系中也是如此，每一个行为都跟随着一个同等的反应，以致我们开始明白，事物的价值建立在人的价值之上。无论什么时候，都流行

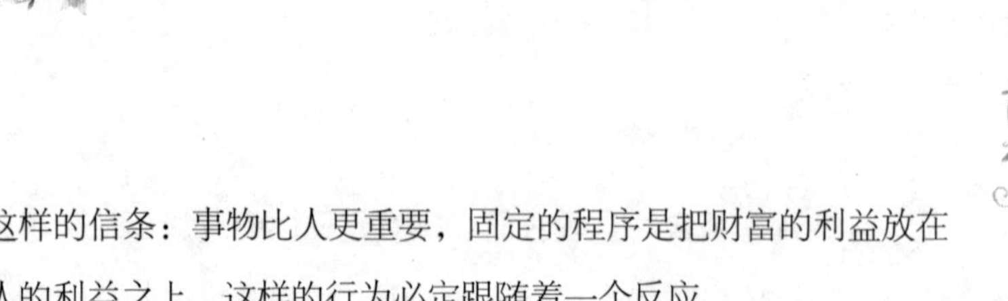

这样的信条：事物比人更重要，固定的程序是把财富的利益放在人的利益之上，这样的行为必定跟随着一个反应。

因为鸦片贸易给英国人带来了无数的利润，无数的中国人必定成为牺牲品，同时，因为酒精的销售和流通为大银行和信托公司的账号提供了上百万美元。用10万美元贿赂社团律师，因为他可以使参与选举的广大民众为道德和政治败坏的政党投票，还有那些将再次强加这样的致命灾难在我们国家的公民身上的人。

万不可只注意自己所希望看到的事物，而致使我们忽视了那些不愿意见到的事物。这个雄伟的科学建筑需要扎根在稳固的基础之上。我们不允许暴虐的偏见，让我们忽视或毁坏那些不受欢迎的事实，这是基于我们期盼稳定的进步，基于我们所认定的价值。

我们生活在如此广阔的星球上，在这里经常会发生一些奇怪的、令人无法理解的现象。假如我们因此而退缩，相信这些是超自然现象干预的结果，那么这些现象对我们来说就永远是个谜。倘若我们利用思想的创造力去探究，就会发现，其实所有的异常现象都可以用科学来解释。我们从自然法则的科学理解中知道，超自然的现象在世间是不存在的。

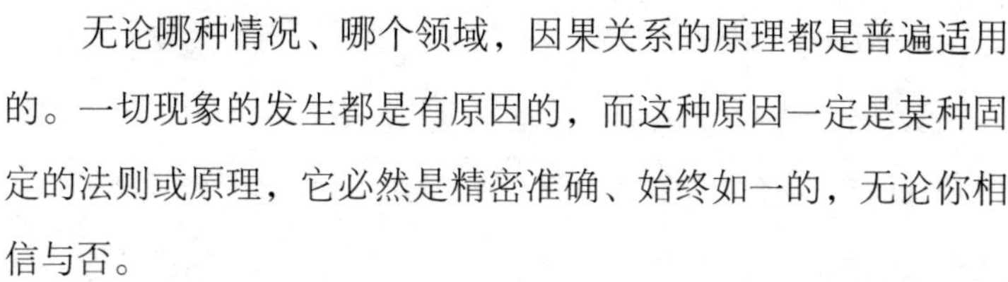

无论哪种情况、哪个领域，因果关系的原理都是普遍适用的。一切现象的发生都是有原因的，而这种原因一定是某种固定的法则或原理，它必然是精密准确、始终如一的，无论你相信与否。

只有细心思考每一件事，才能更容易地发现事物运行的基本规律。最终我们发现，不管是物质的、精神的，还是心灵的一切的经历或际遇，都可以用思想的创造力来解释。

我们可以随心所欲地在科学的广阔领域里探险，这里不存在“禁地”，也没有什么是我们不应该知道的。尽管提出新的理念可能会遇到反对，但这种反对的声音无须顾忌。哥伦布、达尔文、伽利略、布鲁诺等人都经历了这样的冷嘲热讽，甚至残酷迫害，但是最终他们的学说和观点被世人接受并认可了，他们成为社会进步的功臣。

精神状态取决于思想，什么样的思想产生什么样的精神状态。如果我们对疾病恐惧，最终，疾病就会成为必然结果。思想形式可能会使多年的辛苦努力付诸东流，可能会让健康也离我们远去。

美国参议员霍兹沃斯说过：“我祝愿这一时刻的到来，美国的公众舆论开始认识到，对社会进步来说，有机化学意味着什

么，科学研究意味什么。我们一直对推进物质资源的发展很感兴趣，从地底下挖出铁和煤，让地面上长出农作物，积极从事运输以及其他商业努力。作为一个民族，我们对科学研究所给予的关注和鼓励都很少，但是，总统先生及各位参议员，未来的进步却依赖于科学研究。正是那些在化学实验室里工作的人，为人类的进步铺平了道路。我相信，有机化学中就潜藏着解开过去和未来的秘密的方法。我相信，它在我国的奠定和维护，也意味着1亿人民的幸福、进步和安全。”

美国参议员弗里林海森说：“当我们认识到，正是德国化学家的天才以及德国的化学工业在科学上所取得的进步，使得德国几乎能够在河道港口畅通无阻的时候，当我们认识到下一场战争将要用化学品来打的时候，我认为尽最大可能给予这一产业最高的保护是我们的爱国职责。”

德国的科学家似乎偏爱化学，他们在化学领域取得了举世瞩目的成就。科学上许多重要的发现，要归功于德国的化学家们。弗里林海森说真有一场战争要用化学品来打，但是未来的所有战争都要通过对精神化学的理解来赢得，而极少使用杀伤性武器。

我们把自己想象成一位叱咤风云的将军，站在主席台检

阅一支庞大的军队。士兵正迈着整齐划一的步伐大步走来，他们都是风华正茂的好男儿，他们来自德国、法国、英国、比利时、奥地利，当然还有来自美国和中国的士兵，这支千万人所组成的大军源源不断地从你面前经过。一旦发生战争，那些士兵就可能阵亡，这是因为一些人不想去思考，而只想研究杀人的武器。

这些战士至死也不明白，武力总是会遇到同等的，甚至是更强的武力；他们不明白，低级的法则总是受控于高级的法则。拥有聪明才智的人却不能做自己的主人，身居高位的少数派控制了他们的思考。就像欠了永远也还不清的债务一样，他们终日被深深的悲痛折磨。因为他们发现，为了支付所承担的债务的利息，他们必须工作一辈子，并且这些债务还具有世袭性，自己的子子孙孙都会得到这种“遗传”，那就是只能永远工作的这种遗传。

密歇根大学的校长马里恩·勒鲁瓦·伯顿说，或许如今我们能够向一个人问最严肃的问题就是：“你会思考吗？”检验一个人对社会是否有用，将集中在他是否能思考上。爱默生发出了危险的信号：“当伟大的上帝把一个思想者释放到这个星球上来的时候，可千万要当心。”

只要我们能利用自己的精神力量，就能解决世界上的最大的难题。不是通过肤浅的思考和欣然接受半真半假的事实，而是通过细致和精深的科学思考，并结合明智而及时的行动，人类的文明才得以拯救，人类的自由才得以确保。民主的未来依赖于教育，因此每一位忠诚的公民和有自尊的人，都必须抓住机会，掌握知识，激发思考。真理总是让人自由，真理也总是只对善于思考的人才有用，真理也总是喜欢助人为乐。

如今情况已经完全改变了，情形已经大为不同，觉醒的人们已经开始进行积极的思考。人们把过去用于喝酒闲聊的时间花在阅读、研究和思考上，他们对自己的现状思考得越多，觉得自己满意的东西就越少。而在此之前，每当人们不满或不快的时候，就会聚集到附近的一家酒吧里喝酒，让酒精麻醉自己，暂时忘掉烦恼。因此英格兰有了麦芽酒，苏格兰有了威士忌，法国有了苦艾酒，德国有了啤酒。美国由于是一个移民国家，因此也就有了各种各样的酒，它是让人们保持“幸福而满足”的最容易的方法。如果能让一个人得到一杯比例合理的酒精的话，他就已经得到了最大的满足，而不会再去深究什么。

那些只思考对自身有利的方面的人们，也会是健康的、杰出的。因为这样的思考内容拥有巨大的能量，这能量使人们

有健康的身体，而他们也相信自己能获得力所能及的成功。将必要的潜意识思维运用其中，那你梦寐以求的理想就一定会实现。因此人们对自己的定位并不能决定他们的成败，就是因为他们的定位是个人的，不可避免也是肤浅而无力的。决定一个人的个性、性格、心智甚至命运的思维方式是客观的思维方式，是当一个人忘记了个人看法，并让自己依照深刻的感受以及客观的信念而行动的时候在潜意识中形成的思想。不过潜意识中的思想也并不一定就是杰出的。

人类的思想成果并不都是真理，也不都是有利于自身的，因此人的思想并不总是完全正确的。人们自身也不都是优秀的，他的生活也不一定就能如他所愿的那样美好。不过他的思想是由他自己决定的。他可以学着思考自己真正想要思考的内容，我们已经在上文中了解了，是一个人的思想决定了他的未来成败，因此我们可以很自然地预知他的未来，那就是他一定能在未来的某个时候实现自己的理想，获得他梦寐以求的成功。

思想是一件完美的作品

人的思维是一件完美的作品，为我们的认知活动做好了充分的准备。思维是靠显意识和潜意识去运转的。戴维森教授说，只想用自己有限的显意识去说明整个精神世界是不可能做到的。潜意识就像一位幕后工作者，总是任劳任怨地工作来满足我们的需要，为我们最重要的精神活动提供一个尽情表现的舞台。莎士比亚从一个普通学生的反应中，悟到了那些伟大的真理，并通过自己的作品把它们表现出来；拉斐尔画出了杰出的圣母像；菲迪亚斯创作了那些著名的大理石青铜雕塑；贝多芬写成享誉全球的交响乐……这些人取得的成就，都离不开潜

意识的努力。

我们曾在前面提到，一切思维只要在意识中存在过，就会留下印记，这种印记经过转化，就会形成一种创造性的能量，进而改变个人的生活与境遇。通过领悟精神事实，我们便可清晰地了解，怎样将意识中的内在世界植入到外部世界。

正确的思维方式实质上是一门科学。我们身处的环境与生活就是我们内在世界的外部显现，我们固有的心态会折射到行为与客观世界之中。

人生经历是由精神倾向决定的。留存于头脑之中的思维印记的倾向性会引导精神发展的方向，而精神的发展特点又将左右人的性格、能力和一切意图与倾向。

什么样的心态就会招引什么样的外部境遇。相同品性的事物也会相互吸引，因为物以类聚。与外部世界相似事物之间的吸引力的强度，我们是远远不能想象的。

心态，即来源于我们头脑中的思想。心态的改变导致人格随之改变，进而身边的所有人、事物与环境也随之发生着改变。改变我们内心世界的想法就可以改变自己的人生，这是最简单可行的方法。

人的生命本身会被客观世界轻易地改变和影响。假使没有

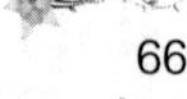

坚定的理念，思想本身会受到重重阻碍。我们要让创造性、建设性的思想同消极、负面的想法不断斗争，直至创造性的力量战胜那些受表象支配着的不良思想。

创造性思想最英勇的实践者，是那些在实验室中通过显微镜或望远镜锲而不舍地观察世界的人们。这些科学家、企业家与政治家们将创造性的思维力量应用于身边的工作与生活。他们不会像消极者那样只关注以往的经验而不去信任自身的开拓创新能力，他们生命的核心并不是那些我们平时经常见到的金钱和权力。

生活以严格的评判标准将人类分为两种：运用创造性思维奋力拼搏的精神追求者与循规蹈矩、从不改变自我的保守者。世界千变万化，不存在原地踏步的境地。总之，追寻更高的生命价值，如逆水行舟，不进则退。

旧观念的固守者和拥护者，对于新思维、新体制充满恐惧，畏缩不前。在新时代的黎明前仍焦躁不安地互相安慰，大肆谈着固有生活的安定与完美，将已经清晰可见的未来趋势掩耳盗铃地置于脑后。

思维分为简单思维与引导思维两种。前者是直接的、无意识的思考；后者是有意识、有逻辑的思考。充分利用我们的引

导思维，能使主客观完全统一，激发出自己潜在的创造力。换句话说，我们的意识所具有创造力，会影响到客观环境，并在我们的外在世界中表现出来。

对思维研究的首要方面就是要知道并不是所有思维都具有能量。在现代社会里，人们深入细致地研究了人类的思维，有许多人都得出了这样的结论：每个思维本身就是一种力量，它们一定能让人们达成他们的目标。这个想法并不准确，因为如果每个思维都拥有力量，那么我们人类就不可能得以存活这么久，毕竟大多数平凡人的思维都是混乱甚至是带有破坏性的。

当我们想要确定究竟哪些思维拥有能量，哪些是不具备能量的时候，就会发现两个迥然不同的形式。我们将其中一种叫作客观的思维，而另一个则是主观的思维。客观思维是大众思想的结果，例如推理、调查、分析、研究还有记忆和构思的过程，客观思维不受情感或者普通理解活动的制约。简而言之，那些仅仅只是进行理解活动的思维活动都是属于客观思维范畴的，这种思维对于智力发展或是身体状况毫无影响。也就是说，客观思维并不会直接产生哪个思考成果。它并不会在很短的时间里就影响你的健康或是你的幸福生活，也不会影响你的身体状况或者心理状态。然而从长远角度来看，它可能会对以

上这些方面产生影响，其中的原因是不能忽略的。

客观思维是一种思维模式，或者可以说它是一种拥有深刻感受的构思活动，它是一种心理领域的活动，它深入到行为内部暗暗潜流。客观思维也是心理思维的同义词。“如果一个人用心思考，他便能造就了真正的自我。”这句话中所指的思考状态就是运用客观思维进行思考的。

客观思维活动是由心理领域的核心区域发出的。也就是说，客观思维始终是与生命中至关重要的那些元素息息相关。它与人们的感受紧密联系，是从思维的中心领域发出的活动。这里所说的“中心”一词与身体的中心器官，也就是心脏是没有关系的。这里的“中心”是取其抽象含义。当我们说到一个城市的中心，就是指那座城市最主要的区域，或是指城市中经常举办大型活动的地区。与此类似的，思维的中心就是指思维系统中最重要的部分，或者是区别于浅显思维的更深入的思维活动。

因此，客观思维作为思维的中心，是最深刻的心理活动的结果，所以每个客观思维都是具有力量的。它能为你所利用，但也能违背你的意愿；它有力量来直接对你的思考活动以及身体产生影响。具体的影响是由其自身决定的。可是所有的思维

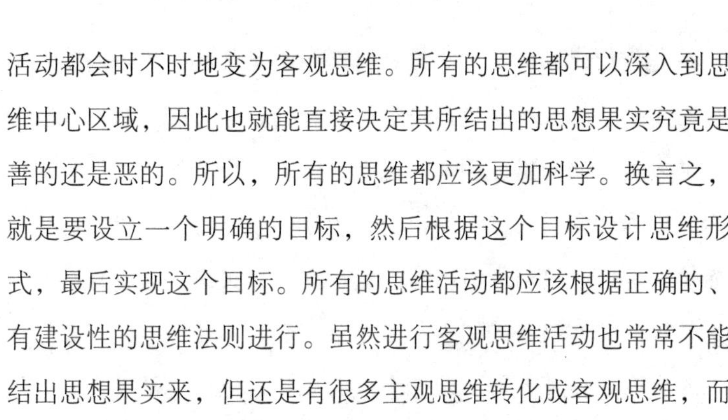

活动都会时不时地变为客观思维。所有的思维都可以深入到思维中心区域，因此也就能直接决定其所结出的思想果实究竟是善的还是恶的。所以，所有的思维都应该更加科学。换言之，就是要设立一个明确的目标，然后根据这个目标设计思维形式，最后实现这个目标。所有的思维活动都应该根据正确的、有建设性的思维法则进行。虽然进行客观思维活动也常常不能结出思想果实来，但还是有很多主观思维转化成客观思维，而正是主观思维决定了客观思维活动的本质。

你可能会认为自己很不错，可要是你总是思考那些微不足道的小事，那么你就只能继续做个小人物。不管你把自己抬得有多高，只要你思想肤浅，那你注定是个思维空洞的小人物，仅仅依靠空洞的思想是不可能获得巨大的成功的。一个人之所以能有所作为就在于他拥有高人一等的思维能力，就在于他总是奋力超越自身局限，努力进入一个更宏大更高尚的心灵世界。他必须要寻找到一个更为广阔的意识领域，那时候他才能成为一个精神上的巨人。他一定要有成功的生活，呼吸着新鲜的空气，感受着成功的精神。只有那时，他才能拥有成功的思维。而只有始终不间断地思考着成功这个命题，他才能不断走向成功。

是你提供给大脑的思维素材，而不是你的思维本身决定了你的成败。思维本身也许是空洞乏力的，而思维素材可以支配一个人生命的力量。而你的思维素材决定于你的思考过程。你的思维素材会反向操作你自身，于是你就能变成思维素材里所描绘的那样，这与你对自身的定位并没有关系。无论你的想法是怎样的，你自身的“因”必然会在虚无中结出它的“果”。你的生活终究还是取决于你个人的思想，然而生活并不一定就是你想象中的那个模样。

因此，每次思考时都应该有一个向好的方向发展的趋势，有时候当这次的思考模式转化为客观思维时，就能如你所愿地达成你的目的，也有可能使其在接受主观思维引导时能与主观思维默契合作。在这一点上，我们应该要了解客观思维往往是在潜意识中发生，而客观和潜意识实际上就是指同一种思维。虽然当我们说到思考这个问题时，“客观”一词更适宜用来形容深刻、重要、生动的思维模式或是那种暗中进行的心理活动。

为了能够更深入地解释科学思维以及非科学思维的本质，可以从实际生活中借用几个有名的理论。如果问题出现了，人们往往会说，“这是不可避免的”。虽然这么说也是无可厚非的，可是你越是经常这么说，你的思维就越是能得到这样的暗

示，即事情在大多数情况下都是要出问题的。如果你训练自己的思维，不断向其传达这样的信息：问题的出现在所难免，但是你的想法直接影响精神力量的利用，于是利用思维时也就难免出错。于是你的生活就出现越来越多的问题，因为你错误地利用了精神力量，你自身就会出现问题，而你一出问题，与你有关的一切就不可能步入正轨了。

至于科学思维的概念问题，你可以将其解释为，当你的思维直接指向自己的目标，或是当你运用思维系统的所有力量来实现自己的梦想的时候，头脑中所进行的思维就是科学思维。而如果你的思维指向不利于自身发展，或者自身心智能力不能为你所利用，那么这个时刻所形成的思维就是非科学思维。为了能进行科学的思考，第一步就是要向对你有利的方向思考，还要有一个乐观的心理态度；第二步则是要让你的想法尽量客观。换言之，就是每次的思考都要恰当，每个思维过程都要是力量的体现。当每个思维过程都符合科学原则，都极尽客观的时候，那这个思考就是力量的体现了。

不是所有的想法都能让其变成实物的，比如有些错误的想法。因此要学会控制自己的思想。如果我们控制不了思想，那就控制不了我们的情绪，也就会因为生活中的种种琐事而烦恼，从

而失去一些能够实现我们真正理想的机会。

是人的思想决定了他的成败，而不是他对自我的定位来决定他的未来。不过，我们还能对此找到更多的例证。我们已经知道人的未来决定于他的思想，但究竟是怎样的思想呢？要成为这样或是那样的成功人士，首先就要说服自己相信可以做到这样或是那样，而不是想做哪些事情才能让你做到这样或那样。这是因为潜意识的本身就能对你产生自然的影响，有生理上的，也有心理上的，而你仅仅通过思考是无法进入潜意识领域的。你对自我的定位往往都是主观的，而仅仅靠主观臆断不利于改善自我。

在改善自我的过程中，我们要进入一种“静谧”状态中，专注于一个事实，即“我们生活、活动并存在于他的内部”这句话是完全正确的！你的存在是因为“他”的存在。如果“他”是无所不在的，那么“他”必然存在于你的内在世界。如果“他”是包容万物，那么你必然也在“他”的里面。“他”是精神，你是照着“他的形象和样子”造出来的，所以你们唯一的差别就是程度不同。作为部分的你，必然在特征和属性上与作为整体的“他”保持一致。如果你能清楚地认识到这一点，就会发现思想创造力的秘密，找到善恶之源，看到专

注的神奇力量，寻得解决一切问题，不管是身体上的、经济上的，还是环境上的万能钥匙！

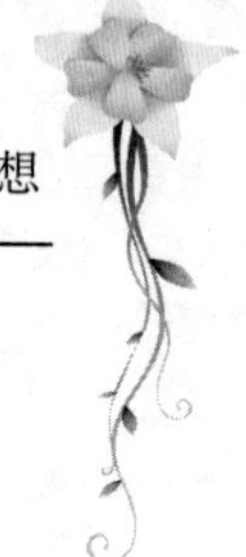

思考令你作出正确的决定

虽然精神世界中最活跃的、最有创造性的一分子是思想，但倘若思想缺少有意识的、系统化的和有建设性的引导，也不会有任何创造。这就是空想和建设性思想的差异。建设性思想能带来创新和创造，带来成功，而空想只是蹉跎光阴，浪费精力。

要想清醒，首先就是不能喝太多的酒。酒精能给人带来刺激，随之而来的便是让人沉醉和迷糊，让思考和自己的理性停滞，从而扰乱人的行为和思维，阻碍人们作出正确的判断。

有人认为啤酒应该没事，因为它度数低，不容易使人受到酒精的刺激。但是，尽管啤酒可能不会那么快地导致酗酒的习

惯，但是喝多了同样能使人醉酒。还有人认为葡萄酒没事，其实葡萄酒的后劲极大，在喝完之后很容易上头。

正确的判断、宽阔的视野、丰富的知识和实践的主动性对于民族和个人来说是必不可少的。最高品质的政治才能和领导能力对于进步和繁荣不可或缺。然而令人费解的是依然有人支持修改《禁酒法案》。难道他们不懂得正如当一扇门被部分打开的时候只需小拇指轻轻一推就足以让它完全洞开一样，所谓的“修改”只不过是“废除”的另一种说法而已。法案的修改无疑使人们再次受到曾经受过的身心灾难。

有研究资料显示，三年间，美国人的死亡率从14.2‰降到了12.3‰，这意味着每年有20多万人的生命从酿酒商的生意禁令中被挽救回来。来自公立学校的老师、学生和乡村巡回的护士、穷人当中的福利工作者、知识分子、警察首脑和慈善组织的领袖们的报告几乎一致表明，最近两年里，学校学生们的饮食、衣着，舒适度和福利，都有着自有记录以来从未有过的显著改进。

下面是发表在《圣路易环球民主报》上的一篇题为《我们向何处去》的社论：

这是谁的错？当我们的需求如此大的时候，资源却越来越

少，这个事实主要应归咎于谁？对此不可能有其他的答案，是美国人民。是那些被人民挑选出来为立法和行政负责的人。唯一的选举权力就掌握在人民的手上。这就是我国政府的基本原则。当我们的事情被别人管理得很糟糕的时候，如果我们不采取行动以得到更优秀的管理者的话，那么我们就没有权利去抱怨。但是，在这种危险的情形中我们又看到了什么呢？人民是不是在寻求那些智力、判断力、知识及品格都符合改进政府状况这一期望的人呢？他们显然没有这样。相反，他们转而求助于那些主要以妨碍和破坏的能力而著称的人。

作为世界上伟大的国家之一，其政府怎么能用这样一些材料来行使它的职能、维护它的伟大呢？他们不懂得如何创造，也不想去创造，他们的建议只不过是混乱无序，一幢建筑物怎么能靠这些人去完成呢？我们认为，人们所发出的声音毫无疑问，就是对当前形势的大抗议，是民众对许多扰乱并激怒公众的事情感到不满的大发泄。有很多理由不满，这一点毋庸置疑，但不满并不为这些情形提供补救之道，人民所采取的方针不可避免地让情况变得更糟。我们所面临的问题，必须在我们

重新开始前进之前设法解决，而解决的办法，只能来自建设性的头脑。关于这一点是毋庸置疑的。然而，受托管理我们事务的人，其政治才能却不是建设性的，而是破坏性的。那会出现什么样的结果呢?

国家作为一种社会存在，是由许许多多的最小单位——个人组成。政府只代表组成国家的所有个体的平均智力。当个人的想法发生改变的时候，集体的想法也会相应的做出调整，而我们却试图把这个过程反过来，试图改变政府而不是个人，这样违反规律而行事收效往往不大。但只要在智力上做很小的努力，就能够轻而易举地把当前的破坏性想法转变为建设性的想法，在这样的情形下环境就会很快改变。

就本质与属性而言，最高级的行为模式处于更高的地位，一切环境面貌以及与它联系的万事万物都要受其制约。人类对于万物的支配权是建立在思想上的。

思想使你如愿以偿

每个人都有想要实现的理想、愿望和野心。

现在，人们已经领悟了种瓜得瓜，种豆得豆的道理，每个结果都是有一个明确的原因导致的，所以，现在当人们想达成自己的愿望时，他们已经开始懂得运用创造达成这种愿望所需的条件，并且利用这种条件去获得他们想要的结果。

慢慢地你就会发现，科学地进行自我分析或自我评估，将有利于解决阻碍我们思想运转的障碍。因为自我分析包括将自己的愿望拆分成不同的要素，对这些要素进行详细的分析，从中找到你最想要的东西，最终实现愿望。进行这个过程的时

候，我建议你使用纸和笔，因为它们可以帮助你思考。这种自我评估的方式能使你的思路更清晰，还会使你具有逻辑性。请看看下面这些建议，它们将给你带来很大的帮助：

首先，你要问自己："我最大的愿望是什么？在众多愿望当中，我最想要的是什么？我的最高愿望价值又是什么？"然后，用你的纸和笔写下这些问题和答案。

当你用笔在纸上写下你最强烈的愿望时，你要认真记下这些东西及心中的目标和理想、渴望和抱负。不管你有没有想过要得到它们，或者要实现这些理想，你都要如实地记录下来。

切记，即使它们看起来相当可笑，或者相当渺茫，你也要把它们全部列出来。并且，千万不要被那些看似远大的目标和理想所吓倒。从你愿望的本能来看，它们不过是一种预言，完全能够实现，只不过尺度较大而已。正如拿破仑所说："对于一个法国士兵来说，再大的困难都不算什么。"你就是那个法国士兵！不要有畏缩情绪，不要为自己的愿望强加上局限。既然你产生了这个远大的目标，那么它就值得你尊重，你就应该把它列出来。

进行这样的自我分析，你就唤醒了你潜意识的情感、愿望、渴望等。其实，那些深藏在你内心的愿望，就像沉睡的巨

人一样，只要你深入到你的潜意识中去，你就能唤醒它们。它们会立即醒来，看看到底发生了什么，事实也的确如此。这些巨人觉醒时，你绝对不要感到害怕。你会发现，它们与我们并没有多大的距离。尽管你可能有必要去改变它们、制约它们，但是，你仍然要把它们写在单子上。这个单子将记下你最真实的想法，所以，你剖析自己时，一定要诚实。

首先，你会发现你列在上面的那些愿望显得很混乱，似乎没有逻辑。对于这一点，你大可不必担心。因为在你工作的过程中，这些问题自然会迎刃而解。在合适的时候，它们会自动形成一定的顺序。所以你要做的就是尽可能全面地列出你的愿望，包括你潜意识的所有愿望。

接着，你要剔除那些不是很强的愿望。这时，你一定要有铁石心肠，要忍痛去掉它们，你要坚持这样想：我最后保留的一定是最适合我的，也是最强烈的愿望。你要先浏览一下你单子上所列的东西，将那些不是很重要，不会为你带来巨大满足和长久幸福的愿望剔除。

在进行选择、剔除那些劣等愿望的过程中，如果你遵守了以下三条普遍的规律，那么你就会变得更优秀。

第一，要有迫切地需要。在单子上选择你的最强烈愿望时，

你不必担心它们力量有限，因而不能被实现。你千万要摒弃这种观念。你需要关注的，是留下的那些东西是否就是你特别想要的，哪怕牺牲其他东西也在所不惜。换句话说，就是某个愿望是你非常要想实现的，就算用最昂贵的代价换取也无所谓。你要记住这句谚语："你可以拿走你想要的东西，但是，你必须付出牺牲。"如果你不愿作出牺牲，那么就说明这个愿望并不是你最想要实现的。换句话说，它并不是你的最大愿望。

第二，测试你的最佳愿望。我们曾说过："愿望都是有目的的，它能够带给我们快乐，解除我们的痛苦。"因此，你在比较自己的各个愿望时，必须仔细掂量每一个特定愿望的分量，不仅仅包括与你自己直接相关的幸福，还包括由于他人的幸福而感到的间接幸福。

要得到未来的幸福，通常要牺牲现在的愿望。你也许非常关心他人，所以他人获得幸福对你来说就更为重要。因此，你要首先考虑他人的愿望。所以说，对自己的愿望一定要加以思考，如果遗漏了任何要素，那么，你就可能对一些愿望产生错误的评估。你必须得用最完美的标准去衡量和评估愿望的价值。

第三，发掘愿望的潜在内涵。你一定要忽视那些肤浅的和暂时的愿望，这才是非常明智的。因为这些愿望的价值很小。

如果你去内心深处挖掘，那么你就会找到那种持久的、稳定的、发自本能的愿望。也就是在这些愿望里，潜藏着那些你真正想要的东西。你迫切需要它们，就像窒息的人渴望得到新鲜空气，饿极了的人渴望食物，口渴的人想要水，动物需要找到配偶，孩子需要依恋妈妈一样。

这些愿望，都是隐藏在你的内心深处的，它们才是你的真正情感。你只要忽视了那些肤浅而又暂时的愿望，就会让这些真正的愿望显露出来，哪怕你不得不牺牲其他的愿望。你要从内涵方面评价自己的愿望，最后挑选出那些扎根于心底的愿望，无论发生了什么，都不要放弃它们。

这样，你就出现了一个新的、只剩下更热切的愿望的单子，它们会给你带来巨大而长久的幸福与快乐。再次对这个单子进行筛选。你会发现有一些愿望，无论是从竞争力，还是从带来幸福与快乐的程度来说，都不如其他愿望。然后，你再列出一个新单子，那些相对不合适的愿望再次被剔除，剩下的就是对你来说相当强烈的、极具价值的愿望。就这样一经筛选下去，直到你觉得不能再删了，如果删掉它们，简直就是在要自己的命为止。

这时，你会发现一个重要的现象。那就是随着你的单子变

得越来越简洁，保留下来的愿望的竞争力和价值就越大。就像淘金人说的那样，你已经找到了金矿！这时，你应当暂时停止思考，让大脑得到休息，使潜意识的思想按照它自己的运行模式为你做事。

当再次拿起单子时，你会发现脑里又有了新的景象：这些剩下来的愿望已经进行了自动分类。这时，你可以对这些不同类别逐个进行比较筛选，直到选出更为优秀的类别。继续按此方法，选出那些不具有竞争力的类别，将它们淘汰掉，并用一个新单子列出剩下的类别。

在进行这样的工作时，一定要让自己有时间放松，以便更好地进行潜意识的消化。然后，你会发现只有那些相对强烈的愿望才会出现在你的单子上。就这样，你终于找到了自己真正想要的东西。接下来，你就可以开始实施你的愿望了。

厘清你的思想

从如愿以偿的总体方案我们知道，你首先要“明确你想要的是什么”，然后还要“有非常强烈的愿望”，以及“愿意为自己的愿望付出代价”。那么，我们就能得到想要的东西。我们已经考虑了上述三个条件中的第一个，现在，我们就需要考虑第二个条件——“有非常强烈的愿望”。

也许我们无法看到内在世界的全貌，但它却真实地存在于我们的思维之中。当你相信它的存在并认真寻找进而研习它的时候，就会发现其实它的存在是一切存在的根本。它不仅可以帮助你，也可以帮助你身边的所有人逐渐地了解自己的内心，

了解一切人与事的内在与外在，从而缔造出自己内心的王国，并通过自身的努力来实现自己的梦想。

另外，这个法则的永恒不变性也为我们带来了另一个难题——有什么样的思维就会产生什么样的结果。这一法则总是精确无误地运行着。假如我们思考的是匮乏、局限或是混乱，那么我们就会处处遭逢恶果；假如我们思考的是贫困、不幸或是疾病，那么各种劫难就会接踵而来。有其因，则必有其果，因果始终如影随形。倘若我们自身对这些灾难充满了恐惧，那么灾难就会降临到我们身上。倘若我们的思想冷酷而愚昧，那么无限而未知的恶果也将等待着我们。

由此可见，这种能量同时具备着创造性和毁灭性。它戴在我们的头上，既像光环，又像孙悟空头上的紧箍咒。若能够恰当地使用它，那么我们人生就犹如得到了上天的庇护，它将时刻赋予我们能量和希望，但若错误地使用它，那给我们带来的后果则是不堪设想的。在这种无穷力量的帮助下，我们可以自信而勇敢地去实践那些以往生活中曾因恐惧、担心或因能力不足而放弃了的想法和愿望，此时你会发现，灵感与天才已不再是普通人一生都不敢想象的东西了。

也许你会认为，自己已经有足够强烈的愿望去渴望某件东

西了。但当你把自己的愿望与那些真正强烈和并且持续的愿望相比的时候，就会发现你对你的愿望本身有着一种依赖，你只是简单地“希望”去实现它，而不是“想”或者“想要”。相比之下，你这个“希望”简直不值一提。如果从科学的愿望角度去考虑，那么你的希望相当于是业余的，你也不过是个业余爱好者。很少有人知道怎样去真正地渴望愿望，并激发它的全部力量。

有一则古老的东方寓言很好地诠释了愿望被完全激发的本质：

一位老师带着学生在湖上荡舟，这个湖很深。突然，老师把学生推下了船，学生一下子沉入了水里，几秒钟后，他浮出水面。但还没有呼吸几口空气，老师又将他按进了水里。学生又浮出水面，老师再次按下他。学生第三次浮出水面，但这时，他几乎没有力气了。此时，老师才将他拉上船。

等到学生完全恢复了呼吸时，老师问他：“在我拉你上船之前，你最想做的是什么？也就是说，其他所有事情都不重要了，只有这件事是你马上、必须、也是唯一想做的。”学生回答：“先生，那个时候，我最想做的就是呼吸，呼吸是我最大的愿望。”老师说：“那你就把这次经历作为衡量你的愿望的

标准吧。对你来说，这样的愿望值得你为之献身。”

如果你没有寓言中那个学生的经历，那么你就不会完全明白故事中说的标准是怎么回事，也不会相信学生的回答出自肺腑。假如你能够处在这个学生的角度，感受并深刻地意识到他是多么渴望呼吸到空气，那么你也会付出同样的力量去追求愿望的。对这一点的认识，你不要仅仅停留在理论层面，还要最大限度地联想到其他方面。

依此类推，你就能明白，一个在森林里迷了路并且饥寒交迫的人，对食物有着多么强烈而执着的渴望。也许你从来没有感受过真正的饥饿，甚至还错误地把饥饿看作是唤起食欲的一种感觉而已。但是，在你真正饥饿的时候，哪怕是一块放了很久、已经变味并且干硬的面包皮，对你来说都是很香的。只有这个时候，你才会真正明白饥饿的滋味，从而理解什么是饥饿。那些在森林里迷了路，或者流落荒岛的人，为了摆脱饥饿，甚至啃树皮或者皮鞋上的皮革。如果你能够体会到他们的感受，那么，你就能明白，什么才是真正、持久的愿望。

在海上遇险的船员，漂浮在海上，没有淡水喝；在沙漠中迷了路的人，行走在滚烫的沙粒上，忍受着干渴。只有这些人才真正知道什么是持久的愿望。

人可以数天不进食，却无法数日不喝水、几分钟不呼吸空气。一旦这些生命存在的基本条件被剥夺，他们生命中最强烈、最本能的愿望就会被激发出来，并将转化成持之以恒的激情。当这些本能的愿望被完全激发时，所有伴随而来的其他愿望都会被抛在一边。

如果一个饥饿的人看到了食物，或者一个干渴的人看到了水，却遭到了有些人的干涉，那么他们就会给予强烈的反击。

持久的愿望，还可以从处于交配期的动物身上体现。在这段时期，为了取得和配偶交配的权利，它们会不惜一切与竞争对手决斗，哪怕付出生命。

当一个孩子面临危险时，你可以从他的母亲身上再次发现那种强烈愿望的力量，以及伴随而来的需要。在这个时候，哪怕是一只小鸟，它也会和那些破坏巢穴的强敌抗争。只有冒着生命危险去保护孩子的母亲，才是一个负责任的母亲。这个时候，所有母亲都会表现得异常坚强和凶猛。尽管与孩子在一起时，她们非常和蔼可亲。

如果孩子的安全遭受到了威胁，那么雌性动物会表现出比雄性动物更可怕、更致命的一面。正如东方有句谚语所说：如果一个人企图去偷母老虎身边的孩子，那么，他要么异常勇

敢，要么就是一个白痴。

上述例子都说明了愿望被激发后产生的巨大力量。同时，这些例子还使你意识到了这样一个事实：所有生物都具有一种潜在的力量，如果受到了适当的刺激和引导，那么它就能够被激发出来，变成一种非常强大的力量。只不过，大多数人都不知道这种力量，这是只有少数人知道的秘密。

请再次发挥你的想象，想象一个人定下了目标，并在这个目标的作用下激发起了潜在的愿望力量，所以，他强烈并且持久地渴望实现这个目标。如果是这种情况，你怎么能竞争得过他呢？又有什么能阻碍他前进呢？你又如何同他进行抗衡呢？这就好比从饥饿的野狼口中夺走食物，从凶猛的母老虎身边偷走小老虎一样，是相当困难的。

当然，这个例子可能极端了。实际上，很少有人的愿望能达到上述程度。虽然对付这样的人并非完全没可能，但是这需要花费很大的力气。那些成功的人尽管成功了，看起来圆满地实现了目标，但实际上，他们走了一段相当漫长的愿望之路。

回顾历史你会发现，那些坚强、有力、成功的人，都受着愿望力量的激发。他们经历了无数挫折，明确自己到底想要什么，这就像那些被淹没的人、饥渴的人一样，对愿望的力量没

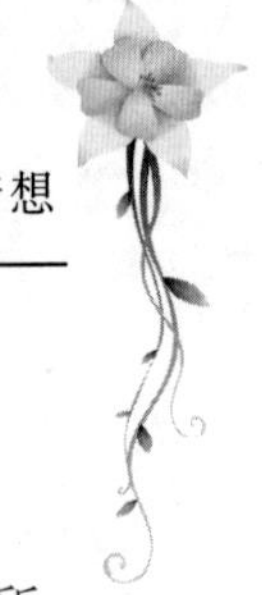

有丝毫怀疑。并且，他们的愿望足够强烈，正如上面的例子所说，这种愿望代表着他们的优势力量，他们当然愿意为得到它而付出代价。

看一看那些你熟悉的成功人士，把那些伟大的发明家、探索家、商人、艺术家以及其他所有成功的人列出来。然后，对他们的名字逐一进行核对，再看看他们的传记作品。这时，你就会发现所有的这些人，都有着明确的理想、持之以恒的愿望、乐观的期待、不懈的追求和付出的代价，这些条件不正组成了我们前面提到的如愿以偿的总体方案吗？这些著名人物“明确自己想要的是什么”“有非常强烈的愿望”，并且“愿意为这些愿望付出代价”。

正是有足够强烈的愿望和热情，才使得这些具有远大志向的人与那些仅仅拥有肤浅希望的人区分开来，使得真正渴望某些东西的人与那些业余的空想家区分开来。英国首相迪斯勒里说：“经过长期的思考与观察，我相信如果一个人具有明确的目标、坚定的信念，那么他一定会实现目标。”这番话，就是他对这种精神和热情的肯定。

你也许会问：“我理解你所说的都是真的。可是，我该怎样去激发我潜在而巨大的愿望，并使它源源不断地涌现呢？”

答案就是：从头开始，通过展示美好的理想和前景，刺激自身的思想和精神，最终激发并获得潜在愿望的力量。因为心理学上始终存在这样一个原则——心里想象的美好图景越清晰，被激发出来的愿望力量就越强烈、持久。

你应当遵照这个规律，坚持从头做起，甚至是在找到愿望的力量还处于半苏醒的状态之时。你内心有一个巨大的潜在愿望力量的宝库，我们称为“优胜愿望力量宝库”。你可以激发起这个力量宝库，使它开始活动。然后，将能量像水一样，沿着你提供的通道输出来。

第三章 思想的力量

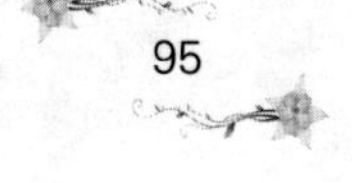

强大的思想力量

为了能察觉到你的思想，可以设定一个意念“我是自己思想的主人”。常常这样说，不妨也这样想。由于你保持这样一个意念，根据吸引力法则，你一定会成功。

思想效率的高低取决于内心的和谐程度，而不和谐就意味着混乱。因此，拥有内在力量的人一定要与自然规律和谐共处，只有这样，你才能做自己思想的主人。

人类可以通过客观精神与外在世界建立联系。大脑是身体的总指挥，它会通过神经系统将思想传到身体的各个部位，而神经系统又会对外界的一切光、热、声、味做出反应。

如果你能够端正思想，领悟真理，那么当神经系统将建设性的思想传达给身体各个部位时，你将会有和谐而美好的感觉。

你的思想就是这么一面镜子，它所折射出的形象正如你在镜子里看到的自己。在你看到的自己和真正的你之间隔着一层迷雾。潜伏在你意识里的错误思想就像黏在船上的藤壶一样难以摆脱。疾病，虚弱，不幸和瑕疵的恶念盘绕在你的意识里，就像睡觉时的噩梦一样，感觉那么真实，那么清晰。

人的器官不仅是个有序的组织，而且具有再造功能。数不胜数的细胞都有不断自我更新的能力。

我们人类也一样，人原本是造物主脑中的完美形象，至今他仍是完美的。

在脑中构思出人的形象后，造物主给他注入了生命的气息。因此，人是造物主的形象加造物主的生命能量（或者说是电流）造出来的。

如果2+2一定等于4，那造物主的形象加其生命能量不就一定等于完美吗？如果得出并不是完美的结果是不是有可能问题在于我们的观念是错误的，我们应该擦去这个错误的观念，重新回到这个问题上，直到我们得出完美的结论呢？

你真正的形象不是由你造出来的，但是你敢确定你抱怨的

那个缺陷的自己的形象不是由你造成的吗？你是否曾对着镜子里那个脸上长着疤痕的人，想着镜子里看到的那些疤痕就在你的脸上？你是否曾看到凹凸镜里面那个扭曲的形象？

宾赛在他的书中写道：“我们身怀无穷无尽的永恒的力量，这种力量造就了世间的一切。在我们身边所有的奇迹中，这种力量的存在是最真实的。”

这种无穷无尽的永恒的创造力量来自我们的思想。在过去的几千年中，智者们已经发现了这种力量，他们正是利用这种力量创造了他们的生活。古代的预言家们竭尽全力想让人们相信这种力量。他们会说：“我的咒语（或者我的思想、我的意识形象）不会空手而回，我把它送到哪儿，它就会把东西从那里带回来。”在其他好多地方，你也可以找到类似的说法。你现在的所为，正在塑造你的未来，不管你是否能意识到这一点。所以，让你的未来成为你想要的美好事物，不要让它成为你害怕的丑恶事物。

克拉伦斯·埃德温·弗林在他的一首诗中也提到过思想的力量：

每当你产生一种思想的时候，

请记住，它会不断探索。

让你触及它，
它会在你的眼前成为现实。
每当你凝思一种思想时，
请记住，
它会不断地进入你的生命，
并成为你灵魂的经纬。
每当你说出一种思想的时候，
请记住，
它会成为穿越宇宙的力量，
永恒的力量。

要记住，这种力量会造福你的生活。在你的思想世界里，你不断地创造你自己、你的环境和你周围的条件。如果你认为自己能创造成就，那么你就一定能做到。如果你认为自己一直缺钱，那么你必定会成为这样的人。如果在你的意识中，你一直追求细枝末节，一直自寻烦恼，那么这些琐事、这些烦恼很快就会出现在你的生活中。

思想作为一种活动掌管着其个人的一切行为模式。一个杰出的演员获得成功的关键，是能在扮演角色的过程中忘掉自己

的现实身份，将自己与所扮演的角色合二为一，这才是演员的最高境界。有一种观点认为集中意念需要的是努力去做什么，而事实正好相反。

我们的胃就像一个大容器，它有极强的应变能力，任何刺激都会作用于胃，胃部的肌肉紧张会超出食物和睡眠能维持的程度。但是，当它过了这个点的时候就会变虚弱，劳累过度的器官需要放松。胃是有生命力的，生命的活力确保它正常地工作。但是很多人经常虐待自己的胃，例如暴饮暴食、不按时吃饭等。如果经常重复这样的实验就会让胃的功能和健康状况下降，那么胃病就出现了。

这时，由于害怕与担心，得到的结果可能是负面的。如果是这样的话，那么这个问题肯定会返回到潜意识状态，并且不断地寻找解决的办法。

也可能这个解决方案并不完善，它也只能解决燃眉之急。那么就从不同的角度重新考虑这个问题，力求完美。如果你有新的想法，先别急着说出来。因为如果这个解决方案完善的话，那么它就会考虑到全局，且会自成体系。恰如蒸汽不从壶嘴中喷出，那么蒸汽一定会把壶嘴给吹飞了。

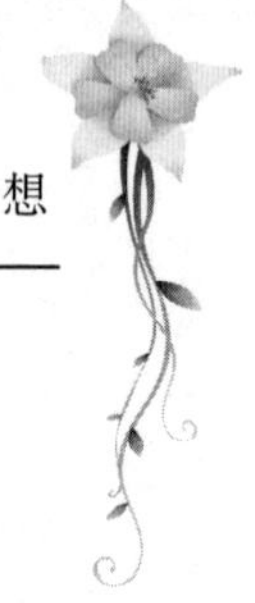

思想才能创造

我们一直生活在深不可测的海洋里，里面是人造的思想物质。这种思想物质从一而终地处于活动状态，而且极度敏感。它会根据精神需求成型，具体呈现什么形状是由思想决定的，例如我们的未来便会以此刻心怀的理想为模具呈现它们的样子。

思想总是先于行动并且指导着行动，不经过脑子思考只是鲁莽行事，不会有好的结果。任何现象都自有其成因：因果相循环，这是自然的法则。思想是行动的原因，积极的思想才会导致积极的结果。

所有现实都来源于我们的创造力，而创造力又完全是思想

的结晶。我们的思想越是丰富，知识越是广博深刻，我们的创造力就越惊人。企业家进行商业经营需要这种结晶，科学家进行研究也需要这种结晶，他们比平常人更富有创造力的原因是他们的思想本身就比一般人更深刻一些。

毫无疑问，思想是具有创造性的，而真理是最完备、最高境界的思想。因此，正确的思考能够引发正确的创造。当真理到来时，谬误必然退避、消失，这一点是不言而喻的。

创造是思想的精髓，也是精神的本质。我们应用思维和精神进行创造的同时，也赋予了自身超人的力量。我们为自己也为别人在思维与精神不断地寻求中，增长了创造能力。

思想就像我们童年时玩过的橡皮泥，是具有可塑性的，它帮助我们构筑生命成长的蓝图。使用，决定着它的存在，使用才能使有价值的事物发挥作用。不管你想要做成什么事情，都有一个必要条件，那就是对这件事情的认识和恰当运用。

宇宙是活动的。宇宙想要表达生命的存在必须依靠思想，没有思想万物都是无稽之谈。存在的一切物体都是思想的表征，万物被创造和更新进化的前提都是思想的存在。人的思考能力决定了人乃是创造者，而非普通生灵。

有人说：“所有人的义务都能归结到一点，就是学会思

考，并开始思考。”

圣·保罗理解这种正确思考的方式，他明白这些在脑中根深蒂固的理想，会潜移默化地影响人的性格，并使人的生活发生改变。我们要听从这位先哲的忠告，开始学习这种思考的方式。“任何真理，任何诚实的事情，任何至纯至真的东西，任何可爱的东西，任何优等的东西。如果存在美德，如果存在赞美，那就去思考这些事情吧。”

所谓“去思考”，并不是让这些值得思考的东西像从脑海里过一遍就了事了，而是让它留在脑海里，认认真真地去思考这些东西，直到这些东西渗透到你的思想里，成为永久的习惯和生存方式。

与那些值得思考的东西完全相反的是什么呢？当然是一切违背真、善、美的东西，例如污秽、邪恶、放荡、憎恨、复仇、嫉妒等。

圣·保罗所指的人类所有的罪恶的欲望就寄存在人的大脑中，整天思考着罪恶的欲望，会让人犯罪和堕落，想着不洁的东西会使人放荡。圣·保罗认为，那些我们整日习惯性的、根深蒂固地存在于脑海中的念头决定了每个人的生活。圣·保罗的忠告和建议无疑是这个世界上最值得听取的话。

人不能脱离自我而存在，无论是什么情况下这一点都不可能实现，每个人都被自我的念头所包围。个人的思想、理想和行事风格，都不断地受自我暗示的影响。如果你的思想很狭窄，那么你的生活一定会感到枯燥和无聊；如果你的脑海里总是有下贱、卑鄙的念头，那么你的人就是猥琐和卑劣的；如果你的思想肮脏、冷酷，那么你就会贪婪和自私，总是从自己的个人利益出发，去衡量一切。

虽然我们不能脱离自己的思想和想法，但是我们能改变它，改变我们自己的生活和人生。思想的品质决定了人生的品质，我们有能力决定自己的人生。思想决定了一切。

所有成功都是靠自己的努力拼搏得来的，失败者常会抱怨他们的命运被“超自然的神灵”捉弄着，事实上却绝非如此。成功者总是具有积极的思想、积极的行动，正是这些积极的思想与行动的“原因”导致了成功的“结果”，那些失败者所抱怨的捉弄他们的命运之神，其实不过是他们消极、不平衡的“心智”而已。

这里有一个绝对科学的事实：愿景会转变为现实。愿景会改变我们的性格、能力、思想，进而改变我们的环境，让我们控制自己的命运。没有愿景的人总是虚度时光。只要心中怀有

愿景，你所渴望的目标自会实现，合适的人与合适的机遇，自会在合适的时间与合适的地点出现。

如果你一旦有新的想法就马上说了出来，那么就不会有很大说服力。因此你必须先保持着这个想法，从各个方面考虑，并力求完美，当然它就会变得很有说服力。

许多人都不知道回忆与想法之间的区别。他们一旦遇到问题就会回忆过去，寻找那些与此问题相关的经验。如果在过去的经历中有相似问题的解决方法，他们就会采用。如果没有的话，那么他们就无助地等着别人来解决了。这样的做法并不是想办法，只是回忆过去。

真正的想办法是联系所有相关信息，从中得出一贯符合逻辑的完全不同的解决方案。正如同拿电线的两极相碰会产生火花。想办法也就是结合所有相磁信息以产生新的“火花”，当然这需要功夫，可能也是最费工夫的事，因此许多人都懒得费脑筋去想这事。

智慧的光芒由思想产生

智慧的光芒是由思想产生的。人越聪明，智慧的力量就越伟大，辨别越敏锐，理解力、能力越强，同样，天赋也越明显。思想渐渐散发出智慧的光芒，那么能够创造智慧的思想力就会增强。为了使头脑更加灵活，所有的精力都应该集中到对智慧的理解上。思想的每一丝力量都应该活跃起来。要努力去发现事物中美好的一面，从而忽略黑暗的另一面。思想中任何罪恶的，令人沮丧的想法都是要被积极的、令人鼓舞的想法所取代。因为思想要集中在意识中闪光的一面。思想在每个方面都要保持高尚，思想越是高尚，人的头脑越是聪慧。

当那些愤怒、沮丧、失望等负面情绪来骚扰我们时，我们就会因此而抗拒或否认，那么此时为了使它们从我们的思想中消失殆尽，我们就会把思想中的创造力不自觉地抽离出来，而且很难再次激发创造力。

当我们面临令人悲观、失望的情形时，事物本身不会因为我们始终沉浸于此而有任何改变。因为我们要相信这样一点——人类的思维本身控制着人的任何行为。比如说，当一棵大树被连根拔起时，虽然仍能保持一段时间的葱绿，但最终免不了慢慢枯萎死去。人的思想亦然，要想与这种思想情绪彻底地告别，那么我们就必须真正地从消极的或负面的情绪中解脱出来。

这可能与我们平时常见的处理方式大不相同，也会导致截然不同的后果。许多人将自己的注意力连续不断地投入到令其不满的场景或情形当中，但正因为如此，这种不良的消极情绪能够在我们的思想中极大地发挥和蔓延，进而促使自身能量及活力在倾刻间荡然无存。

坏习惯往往让人一无所成，当焦虑、恐惧、丧气或是忧郁腐蚀了你精神力量时，你的工作和事业就别指望能有什么改观，你必须清除思想的敌人，否则你很难成功。我们还必须清除掉脑海里的嫉妒心，因为这个恶习已经毁掉了无数的生命，从来没有任何罪恶能像嫉妒一样造成如此巨大的破坏。这个可怕的魔鬼可以使任何美丽的人毁灭，也可以使任何有益的思想变得狭隘。

嫉妒的人认为他受到了严重的不公正对待，他们有着强烈的报复心理和对整个社会的怨恨。他们总觉得命运对自己不公，不能看到别人取得成功，不能看到别人比自己强，而且是无论哪一方面强都不行。他们想着法儿整治别人，他们的生存就是为了和别人对抗，知道他们在对抗中死去，这种对抗都不一定能结束，因为他们还会把自己的这话总结传给下一代。最初每个人都没有嫉妒心，但是因为他们的思想里总是有攀比、嫉恨，所以就不知不觉得变得嫉妒了。

思考是一种精神活动，是由个体生命对外界看法的一种思维活动，它是精神拥有的唯一活动方式。无拘无束的思考能够让我们走向正确的生活。

我是在为真理的重要性和影响力而辩护，在我们所处的这个时代，真理可以为所有人服务。然而如果你相信我对约翰·杜威教授所作出的极其缺乏自信的解释的话，那么将给这个世界上已有的科学思考，带来两种哲学趋势，它们对治国艺

术来说都具有重大的意义。

首先，哲学已经改变了它的知识论——这正是心智的认知过程的特性。生物学为此作出了突出贡献。旧的观念认为知识是从独立的知觉结构中构建起来的，也就是说，理性是通往知识的阳光大道。从这个旧观念出发，生物学形成了一种新的观念：知识是活的有机体针对其外部环境的行为或反应。知识因此成了一个生物体实现其结构丰富性的积极有效的经验。我们用不着凭研究高深的技术获得赞许，只需明白为理性主义和经验主义奠定基础的古老心理学全都被彻底推翻了，以至于我们现在几乎认不出它变成了什么模样。

其次，关于知识特性的上述变化，也给真理特性、什么是真理、什么是真实的观念，带来了巨大的变化。我们发现真理与我们获取知识的方式被完全绑在了一起。原本我们认为，不可改变的真理，属于一个高高在上的领域。这一古老的观念现在被转换成这样一种概念：真理是一种正在运转的、活生生的东西。因此，现实与理想、客观与主观、经验与理性、实体与现象等哲学概念之间的战斗和对立，已经被人认为是陈腐不堪的，因为人们看不出这样对立的战斗到底会产生什么实际的结果。

因为社会正在承受的痛苦并非来自不平衡的预算和被破坏

的协定，而是来自错误的精神过程，在这些过程当中，有许多已经变成了制度。而制度，正如马西所说，只不过是已经被规律化了的习惯而已。因此，人们思考问题的方式，就是造就或对或错、或智或愚的制度。有一些很大错误的精神过程——其中有一些就是陈旧的制度阻碍了内在生命为满足新的需要而必须进行的扩张，阻止了它们去呼吸一种新鲜空气，而科学正是需要凭借这个去点亮世界的。这些精神习惯并没有被称为恶，因为它们远远地藏在我们可以明显观察到的恶的背后，以至于它们的真面目并没有被人们认出来。它们没有登上报纸的头版头条，陪审团与调查委员会也决不会把它们列入导致社会崩溃的“诉讼”清单上，因为陪审团与委员会也被同样的习惯给牢牢束缚住。但是，除非它们被人们注意到并且被改正过，否则社会就绝不可能变得明智起来。只有社会变得明智起来，大家才是幸福和自由的。

放开你的思想

从本质上来讲，思想是一种高级的精神活动，它给人类一种超乎想象的创造能力。而这种创造力是全部思想的共同结果，并不仅仅局限于部分的思想。所以，假如把一个法则安置在“拒绝、否定”的心理过程当中，那么一些非积极的因素就会影响或误导我们。

事实上，在我们的生活中，只有一种关于你身体的思想是正确的：那就是你所能想象的最完美的形象。宇宙中的生命能量正源源不断地流经你的身体并使其不断更新。这才是真正的你，尽管表面看起来有不完美之处。只有透过智慧的隐形光芒

才能看见你完美的实质。

有一个求人施舍一块石头的雕刻家的故事，人们给了他其他石头，唯独不给他最想要的那块。当被问及为什么唯独要那一块时，他解释说：“因为我看到里面有个天使。”终于得到那块石头后，他将它刻成了全天下最漂亮的天使。

在你身上也有一个天使。你应该深深地记住天使的样子，剔除使其不完美的藤壶，剔除疾病和丑陋的藤壶。用智慧的隐形光芒透过表象向自己和所有的人展示完美的你。

人通过思考，形成了固定的思维模式，他看到的本质上的自我就这样形成了。如果这个本质上的自我是正确的，那就是我们眼中完美形象上缠缚的藤壶。

当我们误解了人生的规则，受害的也只是我们自己，真理丝毫不受其害。当我们发现了自己的错误，就应该马上纠正，擦掉错误，重新开始，人生的规则将随时为我们服务。

当疾病或不幸似乎就要发生在你身上时，拒绝接受它。将它从你脑子里擦掉，重新开始。

有的人冥思苦想了好久才摆脱疾病的恶魔或是得到内心的满足。也有人立刻就能做到。为什么会有这样不同的结果呢？不同的结果说明了每个人达到真理这种认识所需要的时间长

短。当一个人形成了这种认识就说明他有了自己的渴望。

所以，摈弃认为必须要经过长年累月的等待，你才能得到你所渴望的健康或成功的思想。造物主的时间观念里只有现在。除了永恒的现在没有别的时间。你不可能活在将来，也不可能在将来的时间干点什么。你仅能抓住的就是现在。“相信我吧，你拥有的，既不是下个星期，也不是下个月，而是现在！如果你明白了，现在就在你的掌握中。”

万物之中，你很伟大，因为你能有别于其他动物而具有自己的思想，这里我们有两个重要的问题需要讨论。

第一，思想是身体机能作用的结果吗？

第二，思想能脱离身体机能而存在吗？

这两个问题是基本问题，必须解决好了，才能为精神疗法奠定科学基础，或者为任何有见地的心理学科奠定坚实基础。如果思想是机能作用的结果，那么似乎可以顺理成章地认为，要想控制思维，就必须控制机能作用；要想创造思想，就必须创造机能作用；要想改变思想，就必须改变机能作用。如果思想或智力不能脱离肉体的机能作用而存在，那么就不要徒劳地指望在肉体死亡后仍然存在思想，因为此时肉体的所有功能必定都已停止。

在我们的思考过程中，我们已经认识到了这样一个成功的秘诀，一条通往胜利之路的途径，一个大师级人物的成功之道，即敢于设想。精神的创造力能轻易克服大小人。精神可以无穷大，也可以无穷小。

一旦意识到这个事实，我们就会知道该如何通过创造意识来创造外在条件，因为一切想法，不管它存在的长短，都会在潜意识中留下印记，因此会形成一种模式，我们的创造力会按照这种想法创造我们的生活和环境。

美国法学家、雄辩家英格索尔说："有一种神奇的化学过程能将面包变成思想。"如果真是这样，那么胃的化学环境产生的一个变化，就会促使思想产生一个相应的变化，吃肉的人应该与吃素的人思想不同，而所有吃肉的人都应当思考大体相同的想法。我意识到有些人曾经试图证明这个观点的正确性，但我认为，到目前为止，获得的证据并不足以促使我们定下结论，更别提这种证据还能证明那句古谚"如果睡觉前吃肉馅饼，就能看到祖母的魂"了。如果思想是身体机能的产物，那么，所有身体机能差不多、个人爱好一样以及总体环境类似的人，是不是思考的东西都大体相同呢?

外在环境就是这样生产的，我们的生活不过是内心主导思

想（心态）的反映。我们知道，正确思考的学问是一门涵盖一切科学。

从这门科学工作者中，我们可能知道，每种思想都会在大脑中留下印记，这创造了精神倾向，而这种倾向又决定着人的性格、能力和目标，而这三者的综合又决定了我们的人生经历。

总的来说，世界上存在两类人。所有人不是这类，就是那类；不是前进，就是后退。在这个运动的世界中，要想站原地是不可能的。正是那些故步自封、墨守成规的人，才使一些不公平的陈规陋习有了保障和力量。

养成“积极思维”

人们每天都被各种想法充斥着，无论你有没有用心观察，所有的想法，即使会转念就忘，这弱小的影响仍然是永远不会消失的。一个人是他全部思想的总和，如果一个人从消极方面出发去思考问题，他将得到消极的结果；但如果他从积极的方向出发去思考问题，他就将得到积极的成果。虽然有些想法人们并不打算付诸行动，但只要进行不同的思考，就会给人们的生活带来很大差异。

有些人认为自己是天生具有“积极思维”的人，而大多数的人则是费尽苦心才学会拥有“积极思维”的能力。

其实，有很多证据显示人天生就具有积极的态度。我从未见过消极的婴儿，只是有不少婴儿诞生在消极的家庭里。

幼儿对四周的气氛非常敏感，很快就会吸收这个家庭独特的想法和感觉。因此，家庭气氛如果是由消极思维主导的，幼儿在无意识中就会形成消极思维。他们养成了消极思维的习惯，长大成人后，例如到20岁或30岁以后，再想成为“积极思维”的人，就要面对如何改变多年来的思考习惯的问题。重新学习思考习惯，是需要付出相当大的努力的。

幸好人不仅有养成习惯的力量，也有破坏习惯的力量。所以任何习惯都是能改变的。每次都经历同样的思维过程，往往会在大脑内刻划出深沟，可以借着由衷的希望、强烈的意志以及敏锐的想象力来弥合那些深沟。

具有造物主的外形与性格的人类，和造物主一样，生来就怀着积极的思想。造物主对其所创造的人寄予莫大的信赖，并赋予他们选择权。

人也有权利从真理中选择错误；从善中选择恶；从正中选择不正。也被允许不选择积极的思考方法而选择消极的思维。在持着某种价值观生活多年之后，运用自己的选择权，重新选择完全相反的价值观，也是随时都有可能的。

基督教称这种情形为“回心”。所谓“回心”就是从根本上改变自己。

“任何人在基督中，都成为新的被创造者，旧的人已经成为过去。看吧，一切成为新的。”

就因为如此，所以要特别强调，只要把消极思维改为积极思维，任何人都能享受到幸福。不论你过去有多长时间一直秉持着消极思维，你也能做到！

我之所以敢以这样强烈的信心下断言，是因为我自己曾经就是这样的人。我确信，我能将消极思维改为积极思维，只要不畏艰难，努力坚持，任何人都应该能够做到。

与其空谈理论，不如以自己的实际经验现身说法更具说服力，下面我就谈谈自己的体验。

我在少年时代，曾为自己极度缺乏自信心和有强烈的自卑感而苦恼。不仅如此，我和许多少年一样怀有自己的梦想和目标，但是对是否能够实现它们却毫无把握，力不从心。我为此更是苦恼不堪。

我是在精神活动非常活跃的人群中长大的。也可以说是在看起来常有许多忧心事的环境中长大。我的家庭经常显得拮据，这样的境况自然会助长我不安定的情绪。对一切都感到不

确定，恐惧失败的结果，无疑是我少年时代的精神特点。

不管怎么说，我的自卑感和缺乏信心，都与消极态度有关。尽管对将来怀有梦想，但我是个消极思维的人。这种不幸状态，一直持续到我大学二年级。大二时，我以奇迹般的方法，将消极的世界观完全扭转了过来。

成为积极的人，第一个条件就是要有强烈的愿望。有热切的想变得积极的愿望，必然会使你马上行动开始自我改造。一旦你拥有了从消极思维变成积极思维的强烈信念，你就必定会获得成功。

如果你现在已经是一个积极的人，很可能自己也不知道什么时候变成了这样。事实上，正是在不懈努力的过程中你得到了改变。只要你不断努力，就会涌现出崭新的，强有力的积极思想。

我们的大部分时间都在思考。在说话或听别人讲话时，你会思考他说的话；阅读报纸或看电视时，你在思考看过的内容；考虑未来的时候，你在思考如何规划人生；开车的时候，你在思考如何安全快速地行驶；早上起床之后，你会思考今天有哪些事要做。

怎样才能成为一个积极思维的人？怎样才能持续下去呢？

正如前述，第一个条件就是要有强烈的愿望。但仅此是远远不够的。想做一个积极思考的人，仅怀着可有可无的憧憬是难以做到的。必须贯注自己所有的热情去希望，否则就不可能成功。如果能常持这样认真的心态，可以说，你已经具备了成为积极思考者的基本条件。

在这里，我要再次指出，有人天生就具备积极思考的能力。他们很幸运，童年时代并没有在消极的环境中成长，由于某种原因，可能是遗传或家庭影响，他们没有受到社会上泛滥的消极意识的毒害。

有些人天生就拥有积极的思维，与怀着消极思想的人相比，他们似乎只是少数。可是，自从1930年代大恐慌出现以来，这种积极思维的思想和行动概念，便广受人们的重视。树立积极的人生态度的人也因此与日俱增。

一天晚上，我在亚特兰大推销员集会上讲演过后，有一名青年对我说："我真希望以后仍能不断强化自己的积极思维。"看得出这是他由衷的希望，我问他："有过什么样的经验吗？"

他说，他出生于极为贫困的农民家庭，他的父亲竭尽所能也无法使小农场欣欣向荣，农具又破又旧。因为没有钱，只好

自己动手修理。

家里人做事都不灵巧，一年到头缺钱，家人的谈话经常都是消极的，“没有用，一点办法也没有”“没有希望了”等等。每个人的人生观都很暗淡，从来也没有听过乐观的谈话。

有一天，学校有一场演讲会，至今我仍不知道那位讲师的名字，后来听说是迪顿的国际记账机器公司的人。那时候我们住在俄亥俄州东南部沿河地区。那位讲师谈到了积极思维，强调只要养成积极思考的习惯，就是在最消极的条件下也能发挥出创造力，从而打破任何消极的基础。他非常实际，说话幽默而具有说服力，他告诉我什么是积极的人生观，于是我想要完全抛除过去消极的想法和说话方式，变成与过去不同的人。

没有人教我，也不知道我为什么会有那样的想法，但我开始认为要对自己的能力怀有信心。当时我到城里的小图书馆寻找有益的书籍。我找到了一本您的大作《坚强的乐观者》。

就这样我发现了只要努力去想，总有一天会达到目标这个真理，只要认为自己能向上，神就会赐给我力量。

因此，请你不要忘记，演讲的听众中一定有像我这样的人，借用《圣经》里的话就是：“对正义感到饥渴的人。”

他说的正义就是“正确的心”。这个认真的青年，心灵完全被改变了，正是认真的愿望使他达到了目标。

做思想的主宰

高度的压力代表着身体与精神力量之间的一种直接联系，但是与电学世界中的道理一样，你必须把机器的高压降为低压，这样才更有实际价值和机械的价值。因此，这种存在于人的灵魂（或潜意识）内的高压也应被转化或减弱成低压，以使它们在所有事情上都能发挥出实际的效用。我们大都是通过自学、自我克制和自我引导等努力来成为自身的主人的。

我们对于那些隐而不现的知识充满着无限渴望，以至于我们时刻准备为获得它们而献出自己的生命。在追求知识的路途上，我们决不能让那些受众人所欣赏的所谓传统、习俗和其他

被社会所赞赏的事物成为我们的绊脚石。每一个想达到精通境界的人，都必须做到敢于驳斥陈腐的思想和固有的判断，向客观世界发起质疑和挑战。

一个学生师从一位智者，而那个智者对他引导学生的工作显得冷漠而粗心。学生就向那位智者抱怨说自己从他身上什么也学不到。那智者回答说："很好，年轻人。请跟我来！"他带着那学生翻过几座山，又越过峡谷和田地，最后来到一个湖边。他们走入湖水中，那个智者将学生带到湖水的深处。然后，那智者猛然间把学生的头摁到水里，不让他出来。直到那个年轻人的渴望只剩下最重要的一样——空气。金钱、财富、荣誉、富贵、名望等对于他来说都已显得不再重要了。最后，当他快要窒息的时候，那位智者将他的头露出水面，然后对他说："年轻人，当你的头被浸在水下的时候，你最想要的是什么？"那年轻人回答："空气、空气、空气！"他的老师对他说："什么时候你对智慧的渴望也能像你刚才对空气的渴望那么强烈，那时你才会真正得到它。"

有人说："精神对肉体的控制是一件很伟大的事情。它可以在短时间内让我们的血肉之躯变得坚不可摧，使我们的身体

变得似乎刀枪不入，使软弱的成为强有力的。因为井然有序的精神是以事物本身的状态来看待它们的。它恰当地评价事物的价值，使它们能发挥出各自的优势，并始终坚持自己的观点，因为它了解事物各自的影响力和分量。”

要成为积极思考的人，还要学会使用新的语言。把头脑里形成的思想，变成耳朵能听到的语言。这样反复诉说的语言，能将思考更深一层地埋进潜意识，终于变成永久性的思考习惯。

所谓习惯就是积极地将某种行动本能地、直觉地、有意识地重复。思考、用语、行动、态度的总和由于习惯性地重复，在潜意识里生根，形成个人的价值观和对事物的看法，最终决定个人的性格和命运。

这样的过程，既能使人成为消极思维者，也能成为有积极态度的人。心态就是这样逐渐形成的。

在改造精神的过程中，经常说的话语会对心态产生比预期更强烈的影响。

平时使用较多消极的语言，表示这个人有消极思维。要是积极的词语增加了，显然，这个人想从消极的人变成积极的人，正在试着改造自我的精神世界。常在心里想，常听常说肯定的语言，心、耳、口合一，这种强劲的合力可以使这个人从

消极思考者变成积极思考的人。

有一次，我在堪萨斯市举行的全国业务员集会上讲述了这种心、耳、口共同努力的原则。

几个月后，我又到该市为中西部及西部各州格拉福特公司的业务员演讲，这次没有提到那个原则。

从演讲会场的音乐中心出来时有一个人叫住了我。

“我不是格拉福特公司的，听说先生要演讲，就混在里面听你谈话。上次听过心、耳、口共同努力的原则，以为今天也能听到……”

这个人很想摆脱消极思维，正在尝试着心、耳与口共同努力，他说：“我改善了一下。心、耳、口之外又加上了眼睛。这样，我也完全摒弃了有消极内容的新闻、杂志、书籍。我认为眼睛也能吸收积极的思想，所以凡是能找到的有益的书就拿来看。这样我怀有了积极的思想，说积极的语言，听积极的内容，看积极的文章。”

“结果呢？”我问。

“当然充满了积极的思想，把多年的悲观主义完全驱除了。”稍许犹豫后他请求说，“能不能偶尔为我祈祷呢?

他的脑子好像还在转，这时候似乎又想到了别的事情。

“心、耳、口与眼睛之外，也许还要加上灵魂。对吧？没有上帝的庇护，这个目标是达不成的。现在我还要和人商谈工作，就此告辞了，再见！”

和我握手后，他神采奕奕地离开了。

长年的消极悲观者，想要拥有积极的态度，就要进行积极思维的再教育。在这样的再教育中，思考、听、说、成长(特别是精神)负有重要的任务。

知道自己要成为什么样的人，认真期盼，活用自己本已具备的知识与精神，就能成为自己想要成为的那种人。

有些规则，如果你违反了它们，就会将那强大的精神减弱，或者阻碍它们的发展，而如果相反，就会造就精神的成长。当这些法则成熟之后，它就会防止软弱的发生，会使那种精神更加强大，并将精神表达出来。而这种精神被公认为是一种力量。

不要让任何人支配你的想法！很多人由于他们的朋友或者邻居或者亲人与他们持不同意见，而不敢表达他们自己对某事的想法，不敢说自己对事物是确信无疑的。这是一种消极的压抑和克制。在这种压抑之下，没有任何事物可以变得伟大而强

壮。表达，就是生长的法则。

胆怯会妨碍你进行独立思考，而“天下之韪”以内的想法却会使人的头脑变得笨拙，并阻碍头脑与能力的接近。在两种意见之间的犹豫不决往往会阻碍一种强大精神的发展。要勇于去做一个精神领域的开拓者，敢于进行深沉和非凡的思考，因为精神就如同人的肌肉一样，要不断地锻炼才会变得更加强壮。

很多人由于缺乏主动性而将很多伟大的事物隐匿于胸，而缺乏主动性是由于恐惧。恐惧又是源于惧怕两种实际力量的存在好的和坏的。那些将伟大隐藏在自己的灵魂深处的人往往都相信邪恶的能力会比正义的能力更强大。因为这种恐惧，他从不会去冒险听从自己灵魂深处的呼唤，也不愿去争取那属于胜利者和征服者的王冠。由于没有去行动，他渐渐习惯了不去行动。从这个意义上讲，恐惧就是罪魁祸首，是所有贫穷、忧愁、疾病和罪恶的渊薮。

我可能一辈子都不会忘记，一个严冬的下午，在我纽约的办公室要求与我见面的那个愤怒的人。

“你是事先约好的吗？”我的秘书很有礼貌地问他。

“不，没有。但我必须立刻见到皮尔博士，无论如何我都要见到他。”

“请等一下。”秘书说。他进来告诉我，“有一个不讲理的怪人，一定要现在见您。”

“好吧，让他进来。”我说。

这个人愤怒的态度，显示他的精神状态正处在混乱状态。我听过不少怪事，可是从来没有听过这个人说的那种怪事。

他是个有教养的人，看起来很精明，年纪约三十多岁，他说：“事实上如果不是这么严重，我是不会来这里的。我必须找人听我说话。先生不认识我，我也只是在房地产业的集会上，听过一次先生的谈话而已。有没有时间听我诉说苦恼呢？”

“本来已经跟人约好了，就听你说一小时吧。如果能把握要领，这段时间应该够了。请你说吧！”我回答道。

他立刻说起对自己的愤怒。他看起来非常厌恶自己。

他说，由于胆小和缺乏信心使自己吃尽了亏，一切对他来说都是不如意的，脑海里充满了自己是天生失败者的想法。如果不是有一些遗产，他一定会穷得无立锥之地。

他当然是一个彻头彻尾的消极思考者，并且承认自己已经

酒精中毒。可是他还剩下一些希望，企盼自己能重新变得健全起来。

“我知道先生主张积极思考。请告诉我，我是哪里不对？我缺少什么？”

我回答说：“很明显，你现在需要祈祷。只有祈祷才能解决你复杂混乱的精神状态。”

他听了脸都气红了。“只是这样吗？我以为有教养的先生会告诉我更好的办法呢。你也和别人一样搬出这些俗套来？大家只会想到这个，我已经听够了。”

他用力站起来，发出很大的响声，愤怒地踏步走出去。他甚至对占用我的时间没有说一声道谢的话。我能做的，只有祝福这个精神混乱的人能以某种方法获得安宁。

30分钟后，秘书用对讲机告诉我说：“刚才那个人又回来了。我想你见见他比较好，他好像非常苦恼。”我告诉正在和我谈话的人说今天就到这里。那人进来后不停地在屋里走来走去，嘴里不断念叨着：“我到底发生了什么呢？”

“请你安静下来，告诉我发生了什么事。”我说。

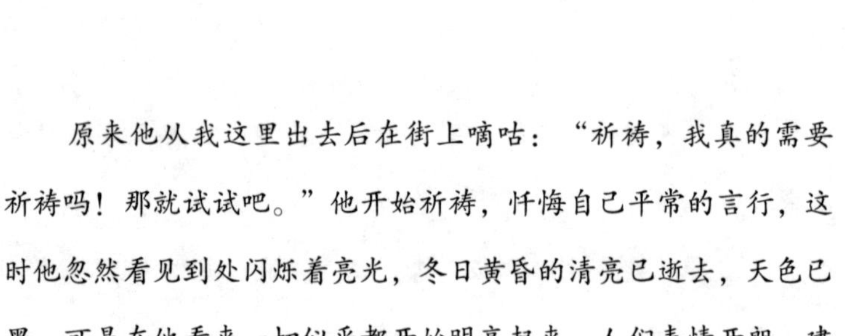

原来他从我这里出去后在街上嘀咕："祈祷，我真的需要祈祷吗！那就试试吧。"他开始祈祷，忏悔自己平常的言行，这时他忽然看见到处闪烁着亮光，冬日黄昏的清亮已逝去，天色已黑，可是在他看来一切似乎都开始明亮起来。人们表情开朗，建筑物散发出白光，平常脏兮兮的曼哈顿街道显得非常清洁。

行人看来都很美丽。他专注地看着那些人，但谁也没有注意到他在看他们。

"甚至人行道也在发光。我一定是脑筋有问题了。我快要发疯了。"他叫道。

他做了唯一能想到的事，那就是立刻回到我这里来。

他表情痛苦地问道："在我身上发生了什么？我是不是变成傻瓜了？"

"不，不要紧，你很清醒。很可能是处在你从未有过的正常状态中，你经历到了稀有的事，也就是所谓神秘的体验。祈祷唤醒了你身体里沉睡的力量。你已经痊愈，你重生了。个中缘由请你不要问，我也解释不清。我想你在世界上还有什么特别的事需要去做。"

从这以后，他完全改变了，变得温和、幸福、正常、开朗和积极。以后他用各种方法帮助许多人去发现自我。

多年来，有许多人找我倾诉苦恼，但没有人和他有过相同的经验。在把消极的人变成积极思考者以及在把坏人改造为好人时，生活都是采用安静的“人性成长”的自然法则。

第四章 思想的体验

思想随着需要而转变

宇宙虽是没有边界的，万物却有因果。宇宙是一切运动、光、热、色彩的根源，是一切事物能够产生最终结果的原因所在。在宇宙中，我们可以寻找到无处不在的力量与智慧。

我们所经历的一切都遵循着引力法则。快乐的意识相互吸引，同时排挤消极的观念。因此，为了适应新形势下的新需求，必须改变意识，以勇气、自信、快乐等积极的观念武装你的思想。当意识发生改变时，一切情景也将随之改善。

艾伯特·爱德华·维根有这样的言论：“今日此刻，在原子内的电子以及生物原生质内的细胞中，我们最终在上帝的

工作室碰见了上帝。机械主义者打量着工作室，大声宣布：这是全机械化的。精神主义者厉声说道：在这背后是上帝的鼻息。一方面，人看到的是一个如大机器般运转着的宇宙，另一方面，人关注的却是宇宙的内涵意义；一方面，人找到的是打造万物的工具，另一方面，人找到的却是工作的人。但不论是一个机械师还是一个信仰生命者，一个物质主义者还是精神主义者，他们不约而同的观点是：跟自然规律（也就是上帝的旨意）同舟共济是唯一的正道。这是有组织的道德，也是进步的思想。”

在我们逐渐熟悉并掌握了这种智慧的思维法则的同时，也就认识了人类精神本质的规律性。它使我们认识了万事万物—— 宇宙，也让我们自身与这种属性相契合，并最终达到协调统一。

我们的智慧并不是只存在于大脑中的。当智慧被付诸行动时，我们便可以领略到，人类智慧无处不在，就像能量与物质那样。

那么也许会有人问，怎样才能证实它的正确性呢？在现实生活中，我们在根据这样的观念或思维行动时，为什么没有达到自己所希望的？很简单，原因就是我们想获得的一切结果和

我们对这一观念的领会与实施程度密切相关。也就是说，我们对此的掌握越全面、领悟越深入，那么就会越接近我们所想要达到的理想境界。

当我们达到更高的层面、获得更宽广的视野时，我们获取并利用成长所需要的东西的能力也随之不断增长。我们了解自己需要什么的能力越强，我们辨别并进而吸收它的可能性就越大。我们创造的所有条件和做出的所有努力都是为了我们自己服务的。困难与失败会不停地阻碍我们的成功，我们可以从这些困难与障碍中汲取教训和经验，收集我们进一步成长所需要的东西。

困难和挫折向我们证明，每个人都可能要经过失败的洗礼才能长大，很少会有一帆风顺的人生。失败和挫折，是我们成长所需要的，因为它们给我们带来了经验和教训。人类永远的追求是尽最大努力，去获取那些能够为我所用的东西。通过遵循一定的原则，我们才能获取最大程度的幸福。

我们的思想中，确实存在爱的能力，但是我们必须努力使其全面化。也就是说，我们必须树立大爱无疆的意识。只要还有可能，思想必须发展得全面到位，我们要坚信无论现在思想有多么广阔，它依然可以无止境地延伸。只要你想要你的思想

停止进步，它随时都可以做到。思想是持续发展的，因此每天要尽其所能地用进步来满足需求。两个人的感情也是如此，如果是男女之情，那么这种爱的感觉必须是建立在两者都有能力相爱并且爱情日益升温永无止境的基础上。爱得越深，所爱之人在自己心目中越是完美。两情相悦，爱人甚是与众不同，这种想法会越来越强烈。

当相爱的对方对爱人的本性都赞叹不已时，他们之间的爱就有可能无所不在，天长地久了。由此可见，一个人是通过意识到对方眼中自己的发展而发展的，在这种意义上，双方越是真爱对方，就越是觉得对方可爱。此外，双方的思想会更加包容，因为当爱包容一切时，整个思想也会更加包容，思想中没有任何力量比爱更伟大。

同样的道理，亲子之间的爱也可以发展到全面的程度。父母会爱孩子的一切，不仅爱他们实实在在的人，也爱他们稚气未脱的好奇心。孩子更会爱父母的一切，这也是为什么保持童心的生活会更加无拘无束，更加接近理想和完美。父母如果也像孩子一样，那么亲子之间就会产生一种深深的无可抗拒的爱。

这种爱不仅是指对人或有形事物的感情，也可以是对超越有形的事物的感情。如幻想中的事物，或者对未来事物的期

待。这种爱可以使思想更加包容，这是大家都能理解的，因为当爱足够强烈时，思想中的一切因素都会因爱而动。但是我们不能指望依照此方法让自己少爱某人一点儿。事实上，我们应该无限地多爱他人一点儿，因为我们要逐渐清晰地认识到我们眼前的这个人就是我们称之为美丽心灵的代表，他是唯一可以满足我们对于心灵交流的渴求的人。

对于每一件事物的爱都可以如此包容。甚至通常被认为非常局限的友情都是如此，它也可以同样地没有边界。当友情达到这种境界时，你每天都可以在你朋友身上发现值得欣赏之处。这样你们彼此都会相互发现，相互欣赏，之后你每天都会对无止境的友情有新的解读，每天都会从对方那里发现惊喜。理解支持也是可以变得更加包容。也就是说，不要支持少数人，而是要支持大多数人。少数人凝聚起来就是多数人，支持大多数思想就会变得伟大。

几个世纪之前，有人认为我们必须在《圣经》与伽利略之间作出选择；一百年前，有人认为我们必须在《圣经》与达尔文之间作出选择。但是正如伦敦圣保罗大教堂的W.R.英格主教所言："每个受过教育的人都知道，生物进化已经是铁定的事实，它们完全不同于古代希伯来人从巴比伦人那里借来的传

说。我们没什么理由去拒绝接受经过现代研究的证据确凿的结果。”

思想的影响与潜力，受到了前所未有的重视，人们开始对其进行专门的研究。男人和女人都开始自己独立思考，他们对自己身上存在的可能性已经有了一些认识，他们迫切要求：如果生命中还有什么秘密的话，就应该揭示出来。

由于女人更为敏感，这使得她们更容易接受来自他人的思想变化，因此女人多半比男人更易受到负面因素的支配，因为负面的、压抑的思想洪流，对女人的危害极大。但这种局面并非不可避免。有数不清的女性歌唱家、慈善家、作家等坚强的女性，都突破了这种局限，证明了她们有能力在社会各个领域里获得成就。

当弗洛伦斯·南丁格尔在克里米亚半岛付出前所未有的同情心时，她就战胜了这种局限性；当红十字会领袖克拉拉·巴顿在联邦军队中从事类似的工作时，她也战胜了这种局限性；当詹妮·林德在音乐中为实现自己充满热情的渴望而辛勤劳动，并最终达到那个时代最高的艺术成就时，她也战胜了这种局限性。

如果我们不知道思想是创造性的，就有可能坚持冲突、错

误的想法，它们最终会导致这些想法成真。但如果我们理解了规律，就能扭转这种局面。

思想的改变就是转败为胜的唯一利器，因为只要思想转变了，那么勇气、力量、灵感、和谐的想法就会取代原来的恐惧、无力、限制与不和，身体组织和自己的思想也随之而发生改变，你的整个人将焕然一新，想着自己的理想而努力奋斗。

愿望、想象、联想

是什么让拿破仑成为他所处的那个时代里最伟大的征服者呢？最根本的原因就是他怀有坚定的信念，相信自己的宏伟事业一定会成功，相信世界上没有过不去的难关。直到他失去这种信念后，失败才降临。当他在进与退之间徘徊、犹豫不决时，莫斯科的冬天到来了，在冰天雪地中，他的世界帝国梦化为了泡影。命运曾留给他很多条出路，那年冬天的雪迟到了整整一个月，但是他犹豫了，然后失败就降临了。打败他的并不是那场雪，也不是俄国人，而是他自己，他对自己失去了信心。

体内有一种力量在默默地忍耐，那种力量可以让你实现所

有的愿望。它在你的体内守候着，只待你接它出来，让它一展所长，只要你坚信你拥有这种力量。在心理学者和那些形而上学者的眼中，世界是意识的集合。你可以成为想象中的自己，可以变得健康、快乐、富有、成功；你完全不用像个傻子似的过苦日子、干重活，只求以此换来果腹之食、避雨之屋。

现在，你来到了“明确你的想要的是什么”的最后阶段，你已经有了一个单子，上面列出了你的强烈愿望，它们都是经过了此前的生存斗争之后留下的幸存者。如果你此前的态度非常诚实并且认真的话，那么，这时候你能看到的都是一些顽强的愿望巨人，它们正等待着你的指令。

依据这一种神奇的心理规律，多个愿望在相互斗争的过程中，消耗了不少精力和能力，所以，你现在看到的这些幸存下来的愿望，其实是一个相对较小的集合。

当你保存内心正面图像的同时，请不要忘记同时保存将要实现这些愿望时所必须具备的决心、能力、才华、勇气、力量或任何其他精神能量，并放在你内心的最深处，因为这些必不可少的因素会更加容易地将你的精神与理性完全融合和对接，赋予头脑中的精神图像以勃勃生机。

这时，你会发现这些愿望自动分成了两类：第一类，虽然

与其他愿望不同，但却不与其他愿望相对立；第二类，与其他愿望不同，并且还与其他愿望相对立。

对于第一类愿望来说，它们可以与其他愿望和谐相处，同时存在。就像光和热的关系、颜色和花香的关系。但是，对于第二类愿望来说，它们是不可能和谐相处的，它们之间只会有摩擦和冲突。

如果你拥有第二类愿望，那么你就像一辆马拉车，被两匹朝着相反方向奔跑的马拉着。如果你的相对立的愿望具有同等强烈的程度，那么你要不就是在不同的愿望之间摇摆不定，要不就是处于原地不动的状态。

如果你发现你所列的单子中有第二类愿望，那么你必须马上想办法解决它。你只能选择一个，让其中最强烈的那一个愿望作为幸存者。

在愿望之间的竞争中，你必须具有最敏锐的分析能力和判断能力。有的时候，这种事情很容易解决，你也能够很快作出选择。因为，只要你对这些不同的愿望都投以全力的关注，那么你倾刻间就能判断出哪个愿望才是你最迫切想要实现的。

不过，也可能出现这样的情况：你觉得这两种愿望势力均衡，难以决出高下。如果这样的话，那么你就有可能像前面提

到的那头驴子一样，决定不了去吃哪一边的青草。这时，你可以增加一些因素，它们将有助于你作出决定，这些因素就是想象和联想。

第一，想象。在两个愿望相对立的时候，想象通常是最有效的方法。首先，你要想象，自己如果实现了另外一个愿望，那又是什么样子。

你要将自己也置于想象中，想象两种愿望产生的不同结果，到底哪一个是你最希望得到的。于是，你就能够判断哪一个会更好。也就是说，不管从哪方面来说，现在还是将来，直接还是间接，它都能为你提供更大的满足和享受。

这种方式有一种明显的好处，就是它能纠正有些人只满足于眼前而忽视未来的错误意识。因为，在想象的过程中，你让未来的境况提前来到现实中，把它与现实的情况作比较，从而就排除了时间这个不利因素。

这一点非常重要，因为一般来说，相对于过去或者将来的愿望，现在的愿望具有很明显的优势。这种想象测试的结果，一是使你对现在的愿望更加重视，二是使你对那些表面上具有优势的愿望不再重视，因为它们本来是处于劣势的。所以说，想象是一个相当重要的衡量方式。

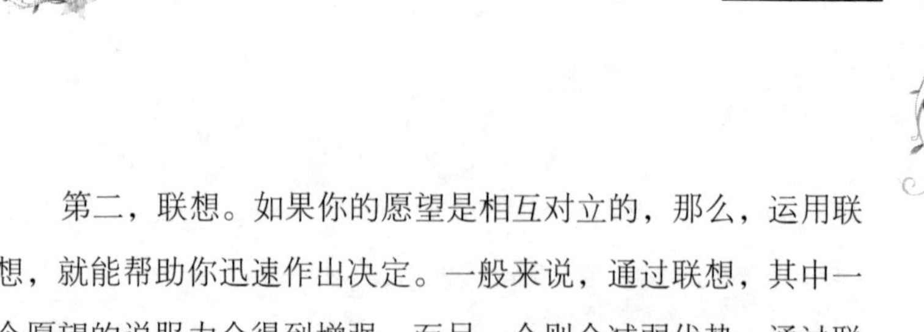

第二，联想。如果你的愿望是相互对立的，那么，运用联想，就能帮助你迅速作出决定。一般来说，通过联想，其中一个愿望的说服力会得到增强，而另一个则会减弱优势。通过联想，我们能够认识那些与我们的每个愿望相关联的结果。

你可以通过联想，来发现尽可能多的、与你的愿望有关系的结果。你要努力去思考，如果你实现了这个愿望，那么将会是什么样子。这就好比是对于两个相互竞争的求婚者，我们需要调查他们各自的家庭和社会背景，以便权衡他们各自的利害关系，预测将来结婚之后可能出现的结局，从而更好地作出选择。

对你所想要实现的不同愿望进行慎重的权衡，想象它们如果被实现之后，将伴随着什么样的结果，比较这些不同结果的重要性，用刚才的例子说，就是你一定要调查清楚这两个互相竞争的求婚者的所有关系，比如他们所交的朋友等。这样，你就会判断，两个看起来旗鼓相当的愿望中，谁更具有优势。

通过这种方式，你可以判断将来与你结婚的人，他的家庭和社会背景。这样，你也就对他的各种关系了如指掌，比如他的亲戚、朋友、同事等。这一点至关重要，尽管人们常说："结婚主要是看那个人，而不是看那个人的家庭。"但是，一个人与另一个人结婚，有人就是因为看重了对方的家庭和社会

背景。

可以简单地说明这种联想的方法，那就是要判定任何愿望，不仅仅要看实现这个愿望之后可能出现的直接结果，还要看实现这个愿望时伴随而来的、有利害关系的结果。考虑后者是很有必要的，因为它们与直接结果紧密相连，二者不能分割。

在某些时候，通过联想的方法，可以揭示出这样一个事实，那就是：如果要实现某一愿望，那么需要付出极高的代价，这种代价甚至到了令人生畏的程度；而对于另外一个愿望来说，情况则是完全相反的。

通过联想这种方法，你会发现，其实自己是很有收获的。因为伴随而来的结果通常是相当的多，它们往往是你意料之外的。

所以，使用这种方法，尽管有些愿望实现时会给你带来不利的影响，但有些愿望却能给你带来意外的惊喜。当然，如果不通过仔细的联想和周密的思考，你是很难意识到这一点的。

也可能出现这样的情况：上面说的所有方法，不管是周密的自我分析与评估，还是慎重的思考与斟酌；不管是想象，还是其他方法，都不能帮你判断哪一个愿望更有优势。如果是这样，你就必须求助于你的试金石，这个试金石可以对任何情况下的思想状态、心理活动、情感愿望和行为进行判定：这样是

否会使我变得更强大、更优秀、办事更有效率？通过这样的测试，如果某种思想状态能够满足要求，那么，这种思想状态就是最佳状态。

这块试金石就好比终审法庭，如果其他所有方法都没有用，那么就要求助于它。它所得出的结论将代表你的最好、最高级，也最具有价值的愿望，代表着你本性中的最高思想境界，也象征着你的最高荣誉。因此，你心中那些最污秽的东西，都将在这个过程中被排除掉。

明白想要的是什么

现在，你所列单子上的愿望已经没有几个了。那些剩下来的都是强烈而占有优势的愿望。你要对这些最强烈的愿望全部进行测试，判断它们是否仅仅是前面所说的第一类愿望，即仅仅不同但不构成对立的愿望，而不是第二类愿望，即不同又对立的愿望。

如果是第二类愿望，那么它们之间就要展开竞争，其中的优胜劣汰者会留下，不具有竞争力的就会被淘汰。它们不能在愿望的单子上同时存在。有两句古老的格言说的就是这个道理："家庭不和睦就会衰落，企业不融洽就会垮掉，国家不和谐就会灭亡。""同一个屋檐下的人各怀异心，必将分崩离析。"

因此，我们必须让两个相互对立的愿望决出胜负，结果就是：一个消亡了，另一个则生存下来。

如果它们是第一类愿望，那么，从本质上讲，它们并不对立。也就是说，它们可以同时安全地幸存，至少目前来说是这样的。但是，允许这种情况出现的前提条件是：没有过多的具有同类性质的愿望。因为多一个这样的愿望，就会多一个分散精力的方向。愿望或目标过多，只会使你精力分散、力量分解。

在经过筛选之后，如果你发现还有许多非常强烈的愿望，那么就要慎重地衡量每一个愿望了，利用想象、联想或者理智来判断它们，最终丢掉那些没有竞争力的愿望。如果你发现某种愿望，它带给你的回报不如你付出的多，那么，你就要果断地排除掉它。

按照这种办法，持续不断地筛选，直到剩下较少的几个为止。而这些剩下来的将是最有价值、最具深层内涵、最强烈的愿望。这些愿望值得你保留，也值得你付出一定的代价。

用同样的方式处理那些新产生的愿望，必须要确保它们值得你保留下来，然后再保留它们。你要坚持这样一个原则：付出必须小于回报。在这方面，你要有商人的思维，要想到盈利，这样才能使你的发展更为有利。

我们大家都应该牢牢记住：生活这宗大买卖，不应按照经济的方法来经营，因为在生活中，投机和钻营这一套是行不通的。任何试图欺骗生活的人，最终只是欺骗了他自己。

要想产生能够给最多的人带来最大利益的精神化学反应，以便造福人类，应该把什么东西与思想进行“化合”呢？首先，我们应该知道，思想拥有的力量是无比强大的，通过良好的愿望和理智的分析研究对它加以应用，会改善我们的生活，推动社会的发展和全人类的进步。但是如果思想被无节制地加以滥用，将产生可怕的后果，会给整个人类带来灾难性的破坏。

现在，你的愿望单子上只剩下了极少数的愿望，它们是强而有力的，是经历了生存斗争的幸存者。它们将支配我们的思想和行为。而你也会产生一些新的愿望，只不过它们将经历一系列的测试，与这些强有力的愿望展开斗争。哪个愿望被证明是强有力的，哪个就可以被添加在单子上，而另一个则被删除。

通过你的自我分析和选择，你将得出两种不同的结论：第一，这显示了你最强烈愿望的类型——强而有力；第二，你的每一个强而有力的愿望，都具有清晰而又明确地形象。

通过这两条结论，你能知道自己真正想要的是什么。这正是人生如愿以偿方案的第一个要求。

愿望是人类行动产生的根源

生命中最大的买卖并不在于勤俭节约，真正应该做的是努力想办法把手头的资源，展开成为最高级形式的物质，精神、道德上的成果。马里昂·莱罗伊·伯顿，莫西干大学的校长，说道："也许对于现在的人来说，最严肃的问题莫过于：你能思考吗？"对于个体效率和人们对社会发挥的作用所做的测试发现，一个人的能力大小的核心问题取决于他运用自己的思想的能力。当爱默生说出下面这句话时，他树立起了一个前所未有的危险信号，"当上帝在我们这颗行星上放下一个思想家的时候，小心了！只要我们能够驯服当今人类所具有的精神力

量，我们就有能力解决这个世界上任何一个现在看来的巨大问题。”

罗格·W.拜伯森说：“如果统计学在过去的20年里教会过我们什么事的话，这件事一定是精神要素，是社会团体和国家发展中最为重要的要素。”现在，让我们来谈论一下关于土地、劳动力、资源的话题。他们都分别具有自己的用途和职能，但是单独将他们拿出来，对国家的繁荣并没有太大的帮助。在我们的文明出现之前，这些土地、劳动力、资源就已经存在了很久了。很多伟大的国家，比如巴比伦、波斯、埃及、希腊、罗马，甚至西班牙，都占有充足的土地、劳动力以及资源，但是他们忽略了更为重要的因素——精神因素。

从我的窗口望出去是一条高速公路，有人扛着鹤嘴锄在公路上工作。那条高速公路就是土地；那些工作着的人们就是劳动力；而鹤嘴锄，就是他们的劳动资源。这就是对于土地、劳动力和资源的最恰当的例证，但是，它同时也是告诉我们这样的组合，既可以用来创造，也可以用来毁坏的最恰当的例证——把路面挖开，或是把它修补好。那些拿着鹤嘴锄的人们既可以把路面上的车辙和小洞挖得更深，也可以把他们填埋

好。这完全取决于我们的目的、我们的动机以及人们的期望。而这些目的、动机、人们的愿望，就属于精神要素，而且他们也正是非常重要的。土地、劳动力、资源，甚至教育，都仅仅只是既可以带来好的结果，也可以导致坏的结果的工具。两个从同一所法学院毕业，获得了同样学位的人，一个人可能会运用他所受到的教育来维护法律，另外一个，却有可能运用自己受到的教育来帮助人们逃脱法律的制裁。从同一所技术学校的同一个班级毕业的两个药剂师，有可能一个用自己获得的知识来检验食品的质量，另外一个却用自己获得的知识来想办法在食品中造假。

另外一种付出代价的形式就是辛勤劳动，你要为实现优胜愿望而全力以赴地工作。不过，这种努力不仅需要坚定的信心，还要对那些对立而消极的愿望加以抑制。因为那些愿望的目的就是，分散你的注意力，使你追求享乐和满足，从而放弃辛勤的工作。

那些取得极大成功的人通常都付出了很大的代价，这些代价中第一条，就是严格的自我克制。这种克制有时甚至剥夺了一切享乐：他们超负荷地工作，可获得的报酬非常少；他们

孜孜不倦、夜以继日，放弃了一切娱乐；他们牺牲眼前的利益努力地工作，而这些工作对他们来说也许并不是必需的。事实上，大部分人都在避免去做这些工作。但如果你想成就大事情，成为一个大人物，那么就必须用这种程度的努力去工作。

拿破仑求学时，并没像其他同学那样消遣享乐，而是付出了所有的业余时间，研究军事科学和历史知识；林肯却在火炉边，就着微弱的火光读那些好不容易借到的书。对他来说，书是最好的礼物，读书更是最大的乐趣。历史上的名人们，都是在付出了相应的代价后才获得成功的。

也许有人会说，不付出辛勤的劳动，同样能实现愿望和理想，这种说法是一种错误的、蛊惑人心的说法。相反，目标越远大，付出的辛勤劳动就越多。但如果你懂得了如何具有“非常强烈的愿望”，那么你付出辛勤劳动时，就会感觉容易得多。

如果你能把握万物的本质，就可以轻易地领会它们，使它们忠实地听命于你。事物的本质，是它的核心部分，是事务的真实存在。外部形态是内在精神的外在显现。

有心栽花花不开，无心插柳柳成荫，完全放松下来，才会积聚更多的力量。集中心神意念，不要有意识地为实现目标而努力去做什么，凝神思考，使你的意念完全与它合二为一，直

到你意识不到别的东西存在，你就会拥有新的力量。

人类快乐或不快乐就在于在他们的思想。其实一般人都能够注意到这一点。一个头脑混乱肮脏的人，往往面目可憎，令人不悦；反之，一个有教养有道德的人，常常面带微笑，亲切和善。人身体中其他的器官也都如实地反映着一个人的精神状态。谁没有见过因发怒而涨红或因恐惧而变得惨白的面容？谁没听说过在经历了剧烈的情绪波动之后大病一场的人？医学家发现，正如恐惧、暴躁和憎恨会使一个人面容扭曲一样，这些不良情绪也一样会使心脏、胃和肝脏等器官变得扭曲。曾有人在猫身上做了一个试验，在猫咪刚吃完饭，心满意足地打着呼噜时，它的消化系统的功能非常好。但是忽然冲进来一只狗，猫的情绪马上陷入了恐惧和愤怒中，通过X光照可以看到，这时那只猫的消化器官扭曲得非常厉害，都快打成一个结了！

我们每个人都会通过思想建立起一个自己的王国。

在东方的实用心理学中有一种卓越的学说，就是关于驱除自己的不良思维的，或者如果有必要的话，必须达到在一发现它们的时候就立刻把它们杀死。一般来说，艺术是需要练习的，但是就像其他的艺术一样，一旦了解了，就不再觉得有什么神秘或者困难。这是值得练习的。或者可以这样说，只有当你领会了这门

艺术，你的人生才算真正开始。因为只有当你不再被某个个别的思想所统治，只有当你可以对自己无边无际的思想海洋中的大部分个体加以引导和控制，利用它们来逐个实现你的愿望，生活才会变成一场豪华的盛宴，而不是仿佛生来就被规定好的那样无趣和循规蹈矩。如果你能够把某个想法扼杀在你脑中，那么你就可以操控它去做任何你想要它做的事。唯有如此，才能凸显出这力量的非凡之处。这种力量不仅可以将一个人从精神折磨（在人生的各种折磨中至少占据了90%）中解放出来，而且给予人类一种前所未知，前所未有的力量来掌控精神机器的运作。并且这两点是相辅相成的。我们的境遇与环境多半是由我们无意识的思想创造的，因此它们常常不尽如人意。要改善我们的境遇，补救的措施首先必须改进我们自己，有意识地改变我们的精神状态，努力使自己更加适合所生存的环境，现实存在的规律决定了我们的想法和愿望会最先改进。

愿望有一定的目标对象，那就是：使人快乐而忘记痛苦。一个人表达他的渴望、激情、理想、精力、意志、决心的程度，往往是由他的愿望的程度决定的，如果愿望是火焰，那么意志等就是火焰的产物。所以，愿望是人类行动产生的根源。

独立思考的力量

宇宙精神不仅包括智慧，也包括物质，为什么会是这样呢？原因就在于宇宙精神能通过我们的思想，创造着一切。这种物质正是通过这个奇异的引力法则的运行，赋予思想以动态力量，使之与其客体相关联，使世世代代的人类相信，这世间一定有什么人格化的存在，可以回应人们的祈求和心愿。它通过大小事件的操控，以回应人们的种种需求。

国与国之间应该和平共处而不是短兵相接、劳民伤财，也不应当钻研如何发动战争，如何运筹帷幄、战胜别国。

不为所动的秘密法则是说你并不为真、善、美的另一面困

扰。假、恶、丑的东西我们都应当摒弃。在他们进入我们头脑之前就将之抛到九霄云外，最后留在我们心里的就只剩下那些美好的，富有建设性的想法了。谁笑到最后，谁笑得最好。

精神法则超越了宿命论，人定胜天。这是治愈者或是医生给病人看病治病时应该抱有的心态。疾病可以治愈。生命，我们每个人只有一次，但是我们可以拯救这唯一的美丽生命体。

如果我们贫穷却并不抱怨，吃亏并不在意，患病并不怨天尤人，那么我们的身体和心灵都会得到净化，越变越好，而事情好像也顺利了许多。

下面我引用《圣经》的内容。这些内容的感情基调是愉悦的，快乐的，向上的。他向我们展示了人类不再受负面思想影响后的情形。这真是太美好了。书中是这么说的："总会有那么一天，以色列圣山的看门人会向人类大声呼吁，醒醒吧，崛起吧，让我们一起登上锡安山，在那里的天国我们会看见我们的上帝。"

锡安山的看门人从来不睡觉，即使小睡也不成。因为他是"守护以色列的那第三只眼睛"。但是，活在世界阴暗面的人是不会意识到这第三只眼睛的存在的。偶尔有幸他们会在脑中闪过某种知觉或者思想的火花，但是也就是那么一瞬间，他的

世界又恢复到混沌状态。

要想保持头脑健康向上就必须核对、校验每个词语，每个想法，这需要决心和毅力。而我们的头脑则自始而终要对每个词语，每个想法保持警戒。害怕、失败、怨恨还有灰心的想法，或是别的恶意是万万不能有的，所有这些都应当唾弃，摒弃，放弃。

记住这句话："上帝在天堂种下的都是美好的希望和美好的前程，他没有种的种种恶果我们是万万不会让它们在人间发芽、开花、结果的。"这句话让我们很快就想到了那些花园里的杂草。很生动的一个画面，是不是？这些杂草被连根拔了起来，扔在了一边，很快就变干，枯萎，死亡了，因为缺少滋生他们生长的沃土。

但是活在黑暗世界中的人们，那些消极的人们，只看得到黑暗，看不到希望的光芒，他们是注意不到第三只眼睛的存在的。你想的黑暗的东西越多就越会给阴暗面生长的空间和能量。这时我们不妨运用不为所动秘密法则，让这些黑暗面永远尘封在记忆中，再也不要打开封印。

不久，那些"反军"就会投降、放弃，因为他们是与美好背道而驰的。然后，你的头脑就会充满那些神圣的想法，或者

说你的意识里只有那些上帝希望你期望的太平盛世下的和睦，而那些错误的想法就会慢慢退去，消失殆尽。

我们思想上每一个细微的变化，无论是增加还是减少，都是我们精神上处理的结果。我们进行推理是精神活动的过程，我们的主意是精神上的观念，我们提出的问题是精神世界的探照灯。而逻辑、思辨和哲学都是我们生产这些精神产物的机器。

发现并控制这种力量，使其为自己服务，这是人类进步的一个重要标志。它是迷信与智慧的分界线，它摒除了人的生命中一些不可预知的因素，以绝对的、不可改变的普遍法则取代一些不合理的现象。它让人类发明了蒸汽、电力、地心引力等规律，使得人们能够大胆而方便地生活。这些规律被称为“自然法则”，它们组成了客观世界。但是世界上并非只存在物理力量，还有精神和道德力量。

没有思想，一个人就会对真理视而不见。没有思想，吝啬的人就是瞎子，他只能看见金子，却看不见财富；浪费的人是瞎子，他只能看见开始，却看不见结局；虚荣而自负的女人是瞎子，她看不见自己越来越多的皱纹；没有思想，以学问自居的人是瞎子，他看不见自己的无知；城市的人是瞎子，他看不见坏蛋；就连上帝也是瞎子，他创造世界那天，没看见魔鬼混

了进来。

有独立思想的人才会心明眼亮，目光深邃。对每个人来说，不管他的癖好怎样，不管这人的性格如何，在进行创造的人生时刻，唯有他具有思想，并且完全沉浸到自己的思想里去，他才可以获得意想不到的收获。再优秀的作家或者演员身上，尤其可以发现这一点。倘非如此，一个人就难以发现真理，坚持真理，并且极容易丧失方寸和原则。在我们这个时代，在我们中间，谁能独立思想，谁能坦然面对生活中的幸福和忧患，谁能坚持自己的意见，谁就是受过一流教育的人。

苏格拉底的学生，曾向他请教怎样才能获得真理。苏格拉底用手指捏着一个苹果，慢慢地从每个同学的座位旁边走过，一边走一边说："请大家集中精力，注意品味空气中的味道。"然后，他回到讲台上，把苹果举起来，左右晃了晃，问："哪位同学闻到了苹果的香味？"有一位学生举手回答说："我闻到了，是香味！"苏格拉底再次走下讲台，举着苹果，从学生的座位旁边走过，一边走一边叮嘱："你们务必集中精力，仔细嗅一下空气中的气味。"

稍停，苏格拉底第三次走到学生中间，让每位同学都嗅一下苹果。这一次除了一位学生以外，其他学生都举起了手。那

名没有举手的学生，左右看了看，突然也慌忙地举起了手。苏格拉底脸上的笑容不见了，他举起苹果，缓缓地说："非常遗憾，这是一个假苹果，什么味道也没有。"

没有良好而持久的教育（包括自我教育），就无法使一个人真正获得思想和学问，从而难以形成完善的个人思维和判断能力，自然无法做到坚持真理，决断如流。

思想的力量不是一种控制性的力量，而是一种建设性的力量，只有将它作为一种建设性的力量来使用才能取得理想的效果。然而，思想几乎具有无限的建设性潜能，因此，我们可以成就的东西也几乎是无限的，只要我们能够明智地运用思想的力量。

中国有一句古语："各司其职"，哲学家把剪衣服的活儿交给裁缝做。但是，活在黑暗世界的人们看不到，感受不到，意识不到第三只眼的存在，所以，神圣的上帝创造了一切，把一切都布置的妥妥帖帖，天衣无缝，而且都是为了最美好的明天。

思考的魅力

我们如何才能使自己能够认识真理、消除自己思想中的错误呢？这里有一种简单而又行之有效的方式，那就是默想。假如你能自如地在头脑中勾画出想要的理想图景，那么就说明你已经踏上了幸福之路。当你打开门的那一瞬间，生活的一切美妙都会扑面而来。如果我们无法自我完成，那么说明我们仍存有疑虑，这时就应该反复思考，使自己真正地接纳真理。

在实践的路上，我们可以借助很多形式帮助自己。例如，在内心勾勒理想的图景、与内心进行对话、良好的自我暗示等，这些都能不同程度地集中你的意念，最终使你踏上真理的

征程。

无论处在什么环境，永远要记住这一生真正需要斗争和征服的仅仅是我们自己。一切困难与恐惧都产生于自己的内心，所以外界的困难、坎坷都不应该成为你成功的障碍。你只要从内心不断进行自我调整，自己想要的完美结果就一定能实现。

通过这种力量我们应该怎样去帮助他人呢？如果你希望一个人从困难中解脱出来、战胜局限与谬误，你只需要从你的思想层面上做出努力，从意识上去帮助他。有了这种意识，你们就可以在思想上产生共鸣，你会把内心中的对软弱、匮乏、局限、危险、困难的抗争与化解等想法传递给他，从而帮助他从困难走出来。

当然，有时活跃性和无穷尽的创造性是因为思想本身存在着，你可能会专注于眼前境遇的不和谐。你不必担心，只要你坚定自己的真理，相信一切现象并非事实本质，而只是暂时的表象，就可以战胜一时的困难，精神上也会得到永不消逝的力量。

你生活中可能获得的客观境遇完全是取决于你对真理的理解和领悟程度，在不断更新、超越原有自我的过程中，你的生命也在不断地进步。

在生活中我们应该为别人带去快乐与慷慨，而不是伤害

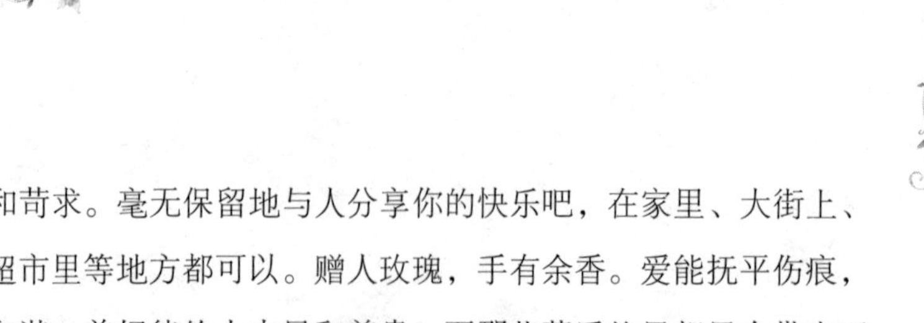

和苛求。毫无保留地与人分享你的快乐吧，在家里、大街上、超市里等地方都可以。赠人玫瑰，手有余香。爱能抚平伤痕，和谐、美好能给人力量和尊贵；而那些落后的思想只会带来灭亡。如果能明白这一点，你就会领悟到生活的真谛。

如果一个人充满仇恨，对他人极不友好，那么他不可能做好自己的工作。只有处在和谐的工作环境中我们才能发挥出最好水平，只有保持非常好的心理状态，才能将工作做好。

友好和善意可以让我们远离病态、痛苦和伤害，它们会在我们心中竖起一道挡风墙，永远将有害的思想阻挡在外。仇恨、邪恶、嫉妒，这些消极的情绪是我们思想的致命毒药，就像砒霜对于身体的致命危害那样。

如果一个人的生活很少遭受到困扰，也没有什么东西能破坏这种平静，那将是一件非常美好的事情。能做到这一点是因为他们天性和谐而博爱，从不挑拨是非，所以他们不会有烦恼。而另外一些人，因为性格孤僻、暴躁、固执，所以总是处于麻烦与烦恼中，总是被人误解，总觉得自己受到伤害，所以他们的这种不和谐也会产生出不和谐。人们会渐渐发现，丝毫的不和谐、伤害他人或侵占他人之物的想法，都会让自己处于痛苦中。世界是一个遵循规律的世界，它只欢迎公正、平等、

诚实和无私的思想。想让自己幸福、富有，就只有做正确而真实的自己。

威廉·詹姆斯说过“思考得越多，得到得越多”。因为思考可以释放能量。通过思考，你能比从前做更多、更出色的工作，获得比现在更丰富的知识。你会从亲身体验中了解到在积极或兴奋的状态下，你可以完成相当于平时三到四倍的工作量而不会感到丝毫疲倦。精神上的疲惫比实际身体上的疲劳更让人厌倦。所以，当工作成为一种享受，你便会永无止境地奋斗下去。

也许你曾见过一些体质虚弱不堪重负的人，他们工作时缺少热情，就连一小时的轻体力活都不能完成。但是，当他们突然肩负重任时，就开始逐渐变得强壮并慢慢地挑起身上的担子。危机不仅让你把已拥有的力量发挥出来，还会帮你激发出新的能量

在前面我们已经了解了蕴藏在能量和物质的表现形式下的振动，也引用了两个杰出的科学家的言论，证明还有一些没有被人们了解的能量形式所填满的波动能量的领域，结论是在自然进程中的这些不知名的领域并不存在什么鸿沟，某些尚未被自然科学所认识的能量形式占据了这些不知名的领域。神秘学

者的有关土地和年代的说教，就像那些现代精神化学一样，基本意思在于思想——大脑中的思维的表现形式——产生了一种极高的能量波动形式，这种能量有可能是或者必然就是从受同一影响的其他人的大脑中所辐射出来的振动波的能量。

所有研究心理效应的学生都不难发现电能、磁能和心理能量的表现形式之间的相似性，它们是如此的相似，以至于我们能够大胆地将在有关电能和磁能的科学实验中所证明了的事实继续用于解释在心理现象领域里那些极为相似的现象。对这一事实的承认给予心理和其他心理现象研究领域的工作人员很大的帮助，他们开始注意这种现象，并将其总结为理论和付诸对心理效应的实践。

首先，各种能量之间的相似性已经是一个尽人皆知的事实，它得到了调查人员的肯定，思想的产生和心理状态的表现形式引起人们对于人类大脑中的物质的激烈讨论，紧接着人们发现了一种高级振动的能量形式。生理学者首先发现这一事实，并找到了可以证明此事实的参考资料。实验证明人类大脑的温度正随着感觉和思想的强烈程度而增加，而且毫无疑问大脑物质中产生和消耗的能量与电能的产生过程有很大的相似性。只要这一观念受到认可，我们也就可以证明这种能量一旦

释放出来，就肯定会像其他已知能量形式的释放一样，从大脑中释放能量。光能、热能、电能、磁能和辐射能都是以同样的方式释放能量的。心理效应的研究人员通过实验向我们展示了思想引起的过程以及许多与电能和磁能的表现形式相似的心理其他阶段的表现形式。

第五章 思想的发展

什么是思想

什么是思想呢？它是盛开的花儿，是智力思考的体现和结晶，是人类最宝贵的财富。思想不是一种物质，但它比任何物质都珍贵，它属于精神范畴，是无价之宝。思想属于精神活动，也是精神所拥有的最重要活动。

思想既可以摧毁自己，也能为自己开创一片欢乐的园地。

人，要做自己思想的主宰。

人类的思想极其活跃，具有能动性。然而，这种创造力并非源自于人类个体，而是源于宇宙。宇宙是一切能量与物质的源泉；而个体不过是宇宙能量分流的渠道。

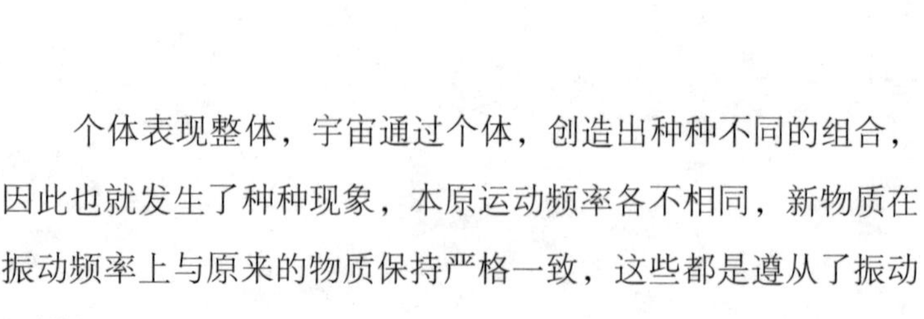

个体表现整体，宇宙通过个体，创造出种种不同的组合，因此也就发生了种种现象，本原运动频率各不相同，新物质在振动频率上与原来的物质保持严格一致，这些都是遵从了振动的原理。

人类能够感觉、行动、获得知识，这些都是思想的魔力，思想是人类的第一特征。思想其实是看不见的桥梁和纽带，它使个体与宇宙、有限与无限、有形与无形的领域联系在一起。

随着科技的进步和发展，人类的视野越来越宽、目光越来越远，凭借高倍数的天文望远镜，肉眼可以看到几百万英里以外的世界；同样，人类凭借自身的领悟能力与思考能力，就能够与宇宙精神——这一切力量的源泉建立起联系。

无论是在本质上，还是在属性上，最高级的行为模式都处于最高的地位，因此必然决定着一切环境、面貌以及与它联系着的万事万物。人类可以“支配万物”的支配权是建立在精神基础上的。思想是一种活动，掌管着我们的一切行为。

奥地利作家茨威格说：“每一个思想家，一待时机成熟，他的主要思想便不可避免地要寻找出口，其势就像扎刺寻找从化脓的手指上流出去；婴儿从母亲的子宫里寻求分娩；膨胀的果子寻求脱壳而出一样不可阻挡。”

许多美国公司通过节衣缩食，创立了一笔基金，指望这笔基金能够保证他们晚年的日子衣食无忧。现在这一切都成为了泡影，所有的心血都付诸东流了。以后，他们将靠什么来维持生活呢？

滥用思想造成了人类历史上许多次的战争，同时是培养的不满、无秩序和社会动荡的精神所带来的后果。这里有一个活生生的实例——1922年的意大利。一些人出于某种目的鼓励无政府的精神和自满的精神，把政府交给那些只对个人的飞黄腾达感兴趣的人，那时的意大利，墨索里尼是唯一的权威，没有下院、上院、国王，他的权力也是绝对的。他可以将财政方面的所有法律废除，而应用自己炮制的新法律，他已经表示要对领取高工资的人征税，“更多的是因为政治和道德的原因，而不是财政原因。”

一位著名的欧洲政治家对当前的情形是这样描述的：

像1914-1918年世界大战这样的战争，其所带来的破坏是很难修复的，这很不幸。即使对待被征服者拿出全部的善意来，如果他凭借诚实的劳动，真诚地渴望帮助世界摆脱血腥的梦魇，世界仍然会长时间地继续它绝望的漂泊。今天，我们依然处在战争的延续阶段，除非是和平时期的活力有了一个新的方向，否则这一阶段很可能没有尽头。财政陷入混乱，预算被人为地摆平了，汇率是65法郎兑1英镑、14法郎兑1美元，可怕地扭曲了纸币的流通，不断上涨的生活费用、罢工、股票市场的瞬息万变，使得贸易的产业都无法开展；股票的积聚，就是4年战争的赎金。这场世界性的大灾难无论是对征服者还是对被征服者所带来的都只是全面的混乱。数以百万的人并未因52个月不停地工作而被奉为神圣，因为在和平到来的第二天，世界就将开始重建。

我们在《圣经》中也能发现与上面相类似的表述：

因为那时必有灾难，从世界的初始，直到如今，没有这样的灾难，后来也必然没有。倘若不减少那些日子，凡有血气的，总没有一个得救的。只是为选民的话，那日子必然就减少了。

我们的胃有着极强的应变能力，就好比是一个大容器：对神经它是快乐或痛苦的振动，对血液它是加速的循环，对活力它是弹性，对愉快的灵魂之爱它是丰富饱满。它是生活的健康，是甘泉边的金碗，是水塔旁的滑轮。当这些在履行它们各自的职责时，肌肉、精神和道德的存在和谐地发挥着作用，让整个生命系统充满了活力和欢乐。但是，当它因故障而无法正常工作时，心

智和身体的力量就会下降，疲乏、消沉、忧郁和叹息便会随着健康的溃败和生命之光的暗弱悄然而至。我们从经验中得知，任何刺激都会对胃造成影响，胃部的肌肉紧张会超出食物和睡眠所能维持的程度，当它过了这个点时，就会产生虚弱——成为劳累过度的器官，它的放松，跟它所受到的异常刺激成反比。胃是有生命的，生命的活力确保它正常地工作。

对于强大心智的人来说，强健的体格是必不可少的。心智像重武器一样，在它发力时也会对身体形成反冲，并且会让虚弱无力的体格摇摇欲坠，因此只有使自己变得更加强壮，才不至于在发挥作用时伤到自己。

思想的变化

自从亚当和夏娃产生之后，人类就充满了智慧。这种智慧经过长期的人类进化之后，已经远远超过古代人，跟其他动物的简单意识更是有着天壤之别。

动物只能辩认出有形物体。对于它们来说，每栋房子只是一栋新房子，它们没有任何差别。虽然在我们看来，每栋房子的结构、装饰、用途等有着巨大的差别。但是动物绝对不会将它们比较，它们的意识是极其简单的，是一种被动接受式的意识。

与动物不同，人类的意识先进很多。人们可以建房，并且为其命名、分类。这样，就把简单的有形物体上升到了概念层

面。就像人坐在火车上时，能把窗外掠过的房子都记下来，包括每栋房子的特征，而动物只知道房子的外形。也就是说，如果有一百多栋房子，对动物来说，它的脑袋中出现的是一百多幅房子的画面；而人则会记住在这一百多栋房子中，有25栋是欧式建筑，15栋是都铎风格，以及其它不同的风格。

如果人类的大脑只会接受物体的形象，那么他就不可能从这些形象中得出结论。人的高级之处，在于可以将具体的形象抽象化，从容量上说，人类的大脑比动物的脑袋增加了数百万倍。

如今，人类的大脑层次又将迎来一次发展。因为在我们的大脑中有着如此多的概念，因而必须发现一种新的思维模式。可喜的是，已经有人发现了这种新的模式，他们进入到了更高的意识层次。这种高级状态的意识有什么特别之处呢？马克斯将它称为宇宙精神。他解释说这是一种关于我们整个世界的意识，它不会停留不动，也不会把一个个概念简单相加。它能凭着直觉快速得出答案，就如一个超级计算器，可以不通过加减乘除或者繁琐的推理论证，就能解决那些很困难的问题。

实际上，你只是形象、感觉和概念的聚集体。真正超凡的能力是精神力量，也就是我们的灵魂，它是伟大宇宙的一部分。它将你和你的内在精神相互联系，共同分享着力量、智

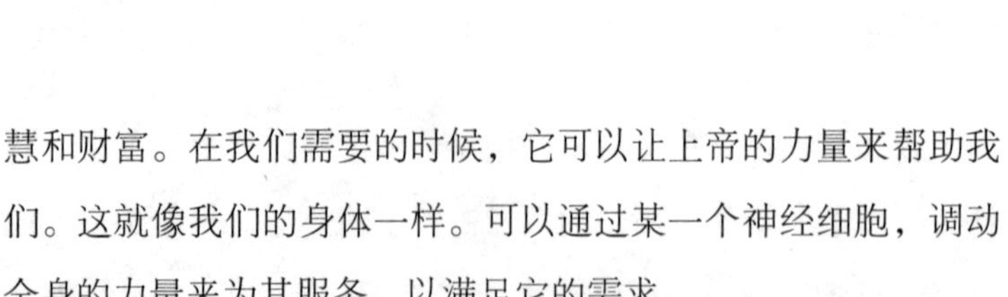

慧和财富。在我们需要的时候，它可以让上帝的力量来帮助我们。这就像我们的身体一样。可以通过某一个神经细胞，调动全身的力量来为其服务，以满足它的需求。

生命的过程并不神秘，它是有逻辑性的发展过程。比如，在人类智慧的发展上，小孩子首先学会的是认识事物的形象。随着他慢慢长大，他能将看到的事物进行分类，并在此基础上进行逻辑推理。依靠自己的表象能力，他们能够认识所看到的一切；借助概念，他们又可以想象出世界上没有的东西。

这样就结束了吗？当然不是。巴克斯在《宇宙精神》一书中说："地球本没有生命，可是后来有了；开始人有动物本能，可后来有了人类意识；意识不断向前发展。同样的道理，人类也必将得到新的发展，达到前所未有的高级层次。"

我们要相信，新的发展并不是意识的范围扩张，而是一种进步，就像人类意识比动物的简单本能进步了一样。

我们怎样去认识取得这种发展之后的感觉呢？怎样知道它是否来临呢？在每个有天分的人身上，我们都能看到明显的你。比如，一个有经验的会计，写下一行一行的数字之后，不用再次计算，就能知道这些数字的和。一个人还没开口，你就能猜出他将要说什么。接听电话时，在对方打招呼之前，你就

能知道他是谁。碰到一个陌生人时，在一秒钟之内你能对这个人作出判断，并且在后来的交往中证明你的判断是正确的。这类情形就是直觉。它是宇宙意识的第一步，也是智慧发展的一个完美的步骤。

从简单意识上升到高级意识的过程中，人类的大脑将一组组印象转化为概念，就像我们把罗马数字III转化为阿拉伯数字3一样。我们不必记住森林里的每一棵树，而只需用“树”来统称它们，并且把聚在一起的大片的树称为“森林”。

在关于思想起源的唯物论问题上，还有一个机械方面的难题。每个技工都知道，我们无法从机器中得到与输入时同样多的能量。因为总会有一些能量在摩擦、内耗等过程中损失。据此，与所消耗的煤的潜在能量相比，蒸汽机为我们提供的仅仅是其中相对较少的一部分，在煤的能量以实际工作能量存在于机车中之前，已经有许多能量通过各种途径损耗了。最先进的发电机能返回运行时所消耗能量的95%，其他5%则在蒸汽转化为电能时损失。任何机器所能做的，都是将大自然潜在的能量变成动能，没有哪种机器能释放出与自身接收的所有潜在能量完全相等的能量。人体同样适用于这条法则。如果人体展示出动能，那么就会接收到潜能，并将潜能变成工作力；如果思想

是在人体内产生的，那么我们就会接收到某种形式的潜能，将其转变成思想。这个命题是无法回避的。

这便将问题转到了人人都有的胃。思想力来自食物吗？是否真如英格索尔所言，存在一种“神奇的化学过程，能将面包变成思想”？倘若如此，那么思想力就是由胃供应给大脑的。看似最可信的假设是，它以潜能这种形式供应给大脑，并变成大脑中的想法。我认为，不会有人认为是胃在思考，并向大脑提供准备好的想法。如果这种物质论观点正确，那么食物的潜能就由胃送给大脑，就像蒸汽机将煤的潜在能量提供给发电机一样。之后，大脑将这种能量转变成思想，就像发电机将蒸汽变成动力一样。若果真如此，那么别忘了，根据前面那条颠扑不破的机械学法则，大脑只能返回从胃部接收到的能量的一部分（比如95%）。脑力应该始终比胃动力小一些。

这里就出现了机械论方面的难题。我们都知道，让胃运转起来需要付出动力。为什么我们在吃得过饱之后会觉得迟钝、笨重、犯困？即使物质论者也知道，正是因为减轻胃的负担需要很多力量，因此无法将剩下力量用于思考。但是，真的是大脑给胃提供了力量吗？如果不是，那么当胃负担过重时，为其减负的力量又从何而来呢？如果胃将面包变成思想力，那么多

吃点“面包”又怎会妨碍思想的形成呢（迟钝、呆笨等）？有人肯定认为事实恰恰相反，即吃得越多，思想越有质量。唯物心理学完全忽视了一个事实，即食物消化需要费力，身和心消耗的所有能量都要到胃里去找，因此这种心理学无法找出或解释使胃本身运转的力量在哪里。

但这还不是最难解决的问题。如果胃是产生脑力的根源，那么大脑支配或影响胃当然就绝不可能。支配力量转换的那条法则不允许大脑这样做。例如，假设发电机对机车说：“喂，别停下来！我要让你运转片刻。我高兴了就让你开动，愿意让你停就让你停下来，我会通过各种手段控制你，让你前前后后、来来回回地运转。”我们知道这种事不可能发生，因为发电机的动力是从机车接收的，或许只能返回所接收能量的95%；因此，后一种机器不能影响或控制前一种机器。总体来说，能启动、制止和控制另一台机器的机器，便是提供动力的机器。大脑有能力启动、制止和控制胃，这是任何熟悉营养学的人都不会质疑的。思想导致了唾液的产生和胃液的流动，思想能引起呕吐，或者完全终止消化过程，思想能造成最严重的消化不良症状。

这些现象以及其他一些读者用经验便可证明的事实表明，

胃是发电机，脑是推进引擎；并不存在将面包变成思想的化学过程；心理作用是消化的原因，而不是结果。

集中你的思想力量

知识就是力量，而思想是更大的力量。这种能量更加神奇，远胜过那些促进物质进步的梦想，甚至是那些能想象到的最辉煌的成就。积极的思想能产生积极的能量，集中思想便是集中能量，所以集中的某些积极的思想将转化为非凡的力量。这种力量正是不甘贫穷、不甘平庸的人们所孜孜以求的。

怎样获得这种能力？怎样使用这种能力？这一切的前提就是对这种能力的认识，认识得越深刻，就越可能获得这种能力，反之亦然。而一旦具有这种能力，它就会一直驻留在你的头脑中，就会不断创造、更新你的思想和意识，并把这些改变在外

在世界中生动地显现出来。

人类热切地追求真理，想尽一切办法只为接近它。在这个过程中，一门学问孕育而生。这门学问包罗万象，从琐碎的想法到高尚的思想，从占卜到哲学，最后蜕变成一把开启真理之门的“万能钥匙”。它能帮我们打开宇宙智慧的宝库，带给我们无穷的灵感，帮我们实现自己的雄心。

或许，你并不知道视觉化的力量怎样控制了我们的环境、命运、性格、能力和成就，但 这却是不可否认的科学事实。你渴望的境遇本身蕴含着所需的一切，所需的人和事都会在合适的时间和合适的地点出现。

我们在潜意识里总设想着灾难的出现，然后我们的“头脑精灵”就想办法让它们都变成现实，即使你就待在家里，即使你已经有所防备。精神图像总是有价值的，不管是好的还是坏的。它是一种摧毁性的力量还是建设性的力量，取决于我们自己的选择。

不可否认，药品在治疗人类的病痛过程中发挥着积极的作用，但与此同时，药品也对其他器官造成或大或小的损伤。经济学和力学中的每一次作用都必然带来反作用，人类关系中每一次作用也会带来同等的反作用，因此，我们需要懂得：对人

的价值的认识决定物的价值。任何时候，只要“物比人更有价值”的信条泛滥起来，那么，把财富的利益置于人的利益之上的错位现象就会随之出现，其所产生的作用必然会带来人们不愿看到的反作用。

德国大城市的市政债券在10年前是以4%的利率在伦敦、巴黎和纽约销售。马克像美元和英镑一样稳定。德国公司的有价值证券跟英国和美国的并排放在一起卖，那时三者价格相当，同样的坚挺。然而，谁也料想不到，它们并不是绝对安全的。如今，一个德国马克的价值大约相当于百分之一美分。

这些德国有价证券，利息照付，本金到期归还，但是，用来支付的钞票，其价值几乎抵不上印钞票的纸，因此，那些保守的德国投资者，那些只进行“安全”投资的人，那些只购买利息不超过4%或5%的优先抵押债券的人，实际上一贫如洗。但作为补偿，他们可以这样反思：一个自由主义政府工作报告，允许人民拥有大量的啤酒，而当他们有大量啤酒的时候，他们就会兴高采烈地让别人替他们思考，因为饮用这些啤酒，其目的并不在于产生深刻、清晰、持久而合理的思考。

思考要随心所欲

我们可以随心所欲地思考，但思考的结果受永恒法则的控制。善有善报，恶有恶报，这是永恒不变的法则。

叔本华说："我们把思考者分为两类：一类是那些自己思考的人，另一类是通过别人思考的人。后者是惯例，前者是例外。第一类人是双重意义上的原创思考者，以及自我主义者（就这词的高尚意义而言）。这个世界正是（也仅仅是）从他们那里学习智慧。因为只有我们亲手点燃的光亮才能照亮他人。"

与浩瀚的宇宙相比，人是渺小的，如沧海一粟，如高山之一石。但人绝不该是被动的，无所作为的，每个人都应是世界

的主人。人正改变着世界，让世界以我们的意愿运转。人是能作用于世界的，同样世界也作用于人。这种作用与反作用的结果就体现了因与果的关系。

毋庸置疑，思想总是走在行动前面，只有想到才能做到。因此，思想就是因，而你在生活中所遭遇的一切都是果。有因才有果，既然这样，就不要再为过去或现今的一切境遇有任何抱怨了，因为这一切都取决于你自己，取决于你能否把环境塑造成你所希望的样子。

我们的脑海里蕴藏着世界上最丰富的资源，我们的思想蕴含着丰富的宝藏。努力开发我们的精神能源吧，让它们在现实中实现，使它们听命于你，一切真实的、长久的能力都由此而来。

你渴望被帮助时，无需向外界求助，记住，你自己就是力量的源泉，没有谁比你更强大。只要你了解了你的真实潜能，坚定不移地朝着目标努力，你在生命的旅途中就不会被绊倒，就没有任何困难能阻止你向前迈进，因为精神力量随时随地都准备向坚定的意愿伸出援手，帮助你把想法和渴望变为明确的行动、事件与条件，只要你愿意开启它。当你做到了这些，你就找到了力量的源泉，它将使你能够得心应手地应对生活中产生的各种境遇。

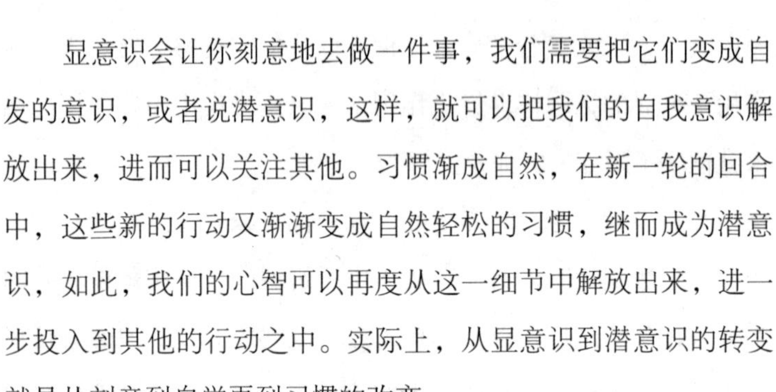

显意识会让你刻意地去做一件事，我们需要把它们变成自发的意识，或者说潜意识，这样，就可以把我们的自我意识解放出来，进而可以关注其他。习惯渐成自然，在新一轮的回合中，这些新的行动又渐渐变成自然轻松的习惯，继而成为潜意识，如此，我们的心智可以再度从这一细节中解放出来，进一步投入到其他的行动之中。实际上，从显意识到潜意识的转变就是从刻意到自觉再到习惯的改变。

要想成功，正确的思想是必不可少的，如果人的思想与成功的方向背道而驰，那么无论他怎么样努力都很难取得成功。最忌讳的就是总不能按照自己设想的去做，要想做成任何事情，都必须思考一下过程，然后根据思考一步步去做。

思维为我们的认知活动做好充分的准备，它是一件颇为完美的作品。其中的潜意识运行是准确而富有逻辑性的，自然不会出现张冠李戴的情况。但令人遗憾的是，又有多少人知道什么是思维运作的规律和逻辑呢？

思想是具有磁性的，当你思考时，你的想法像磁铁一样吸引所有相同频率的同类事物，最后所有的想法都会回到源头。而那个源头就是你的大脑。

如果一个人总是认为自己很穷，那么他很难变得富有。只有

先去想变得富有，他才可能富有；如果想都不敢想，则肯定会穷一辈子。如果你心里想着自己一定会失败，那就很难成功。

如果你一心想着黑暗、痛苦、挫折和绝望，那你只会一直颓废下去，最终一事无成。所以，只有确定一个正确的指导思想，才能引导人走向成功。思考是一个人体发射塔，而且比世上任何电视发射塔都强大而有力。它是宇宙中力量最强大的发射塔，思考的传送创造了生命和世界。它传送出的频率所到达的地方是超越城市、国家和这个世界的，它会在整个宇宙中回荡，因为这是思考传送的频率！

我们周围的一切事物和一切机构最初都不过是人类脑中的想法而已。思想是具有建设性的。人类的思想是宇宙得以彰显精力力量的渠道。

精神是宇宙的创造性法则。思想和精神的关系，就是局部与整体的关系。两者的差别是程度上，在种类与品质上它们是一样的，所以思想也具有创造性。

每一个发现都是思想的结果

我们的思维是很不可思议的，它永远都生动、鲜活并极为敏锐。如果一个科学家的研究成果毫无价值，没有任何实际效益，就没有人会对它感兴趣。但是，幸运的是，处于这种境况下的科学家发表了一篇对于人类来说比以往任何一篇文章都更具有实际价值的论文。他的发现是全世界都迫切需要的，这个发现能在任何时候、任何场合为我们带来收益。这个发现并不是一个缓慢增值的财富；恰恰相反，它的价值在任何地方都会被人们所认可。这个发现就是思想！思想规范着这个世界，思想支配着存在于这个世界上的每一个政权，每一所银行，每一所工厂，每一个人，

每一件事，而且思想还会将它们同其他的事物一一区分开。这一切的发生，正是，也只是，因为思想的存在。

正是由于不同的思维方式的存在，这个世界上的每个人都是如此的不同。实际上，世界上的国家、人类之间的区别全都是由于他们不同的思想造成的。那么，到底什么是思想呢？思想其实就是存在于我们每个人身体中的“实验室”制造出来的，它受我们自己头脑的支配。智慧的产生是我们早先的想法互相联系作用的结果，这就好比是植物的花。而思想则是这朵花结出的硕果，它包含了这个世界上一切美好和有价值的东西。

马尔科姆·福布斯在其所著的《思想》一书中曾援引巴尔塔沙·葛拉西安的话说：“人若天天表现自己，就拿不出使人感到惊讶的东西。必须经常把一些新鲜的东西保留起来。对那些每天只拿出一点招数的人，别人始终保持着期望。任何人都对他的能力摸不着底。”

钢铁大王卡内基曾给一位即将登上经理之位的踌躇满志的年轻人这样的劝告：“这个位置很适合你，你也有能力做好这份工作。不过，请谨记，你既然准备接任这份工作，就要马上着手解决问题。要知道，即使是一个陌生人，也能发现问题。全力以赴地去做好你的工作，但同时要注意你的后面，看看是

不是有人掉队，如果后面没有人跟着你前进，你就不是一个称职的经理。别忘了，你并不是一个不可取代的人，在你感觉情况还不错的时候，要尽量冷静地思考一阵，你的幸运可能是你的机会好，交上了好朋友或是对手太弱。一定要保持足够的谦虚，不然的话现在有12个人可以胜任这个职位，我相信他们当中一定会有一两个干得比你出色。因此，千万不要自以为是。”

思想主导一切

人类能作用于宇宙，作用与反作用互为因果。可以说，思想是因，人类的生活经历是果。

我们每个人都应该有一个看门人守在我们思想的大门口。看门人实际上是我们超意识的思想。我们一定要有选择我们思想的权利。成千上万年以来我们都活在这种思想里面，要控制他们似乎不可能。他们像惊涛奔窜的羊群一样闪过我们的脑子。但是只要一条牧羊狗就可以看住这些受了惊吓四处逃窜的羊，随后牧羊狗就将羊圈进了圈中。

一条牧羊狗就能看住羊群，透过这个形象的事件我看到了新的另外的景象。狗把所有羊群里的羊都聚拢在一起，除了三只。这三只羊并不与狗妥协，他们瞪着狗，满是怨恨的眼神。他们发出“咩咩”的叫声，并且扬起前蹄以示抗议。但是狗只是静静地坐在他们前方，眼睛一刻也不离开这些羊。它甚至并不发出犬吠声，也不做任何有威胁性的举动。它就一直那么静静地静静地坐着看着它的目标物。过了一会儿，这三只羊垂下了脑袋，乖乖地钻进了羊圈。

如此我们也可以控制我们的想法，不是用力气，而是以柔克刚，一直盯着我们的目标物，不要放松。慢慢地，我们开始确定我们控制了我们的想法，之后我们一直重复重复……而此时我们的心可能像小鹿一般紧张，横冲直撞。

我们不能时时控制我们的想法，但是我们可以控制我们的话语，一直能重复的结果就是我们潜意识已深受其影响，我们将会惊奇的发现，我们已成为控局者，一切皆在我们的掌控之下。

耶拉米亚在《圣经》第六章中说道：“倾听对喇叭声说：‘我把第三只眼睛按在你身上。’”个人事业是否成功，生活是否幸福取决于他的思想的看门人。迟早，思想的第三只眼睛

的功效会在外部明朗化。

自然界中的一切，无论是物质的、精神的还是身体的，一切意识模式都必须在我们的掌握之中。因此，控制因素在于精神原则；精神原则能够使你摆脱有限的成就，使你达到一种境界，那就是把思想模式转化为性格和意识。

在拥有“分外之物”之前，必须有可以容纳它们的“领地”。集中意念的重点不是考虑某些想法，而是把这些想法转变为有实用价值的东西。

每一个人都有不同的特性，特性通过机遇的创造来掌控个人的境遇。这种机遇的创造，需要个人的品质，而这些品质或才能就是思想的力量，它们决定了自己对事情的看法和决定。正是这种在心智内部对胜利或成功进行的构建和对内在力量的认知，使我们能够作出反映，我们也因此和自己所寻求的目标之间建立了一种联系。这就是行动中的吸引力法则。它是所有人都有的财富，任何一个对其运行规律拥有足够认识的人，都能运用它。

这种不可见也不可感触的力量，就是自然界也是人类最强大的力量——精神力量。而我们只有通过坚持不懈地对自己的思想进行探索，这种力量才有可能会显现出来。思考是唯一受精神支配的行为，而思想则是思考最好的产物。

大部分人只有在睡觉时才不会思考，但是在沉睡前，人的思维仍然在活动着。

这个时代的弊端在于人类总趋向于将头脑的力量看得太局限，意识不到头脑愿意随时随地提供帮助。圣保罗说：“你们知道你们是永生天主的圣殿吗？”不——我们中的大多数人都不知道。就算知道，也只是像切罗基族（北美易洛魁人的一支）人中未保存下来的印第安家庭一样。在他们的土地上发现了石油，然后金钱源源不断地涌入，他们一辈子都没见过这么多钱。有些人劝说他们盖起一座大房子，装修得美丽豪华。这座房子建好之后成为了当地的标志性建筑。但是这些印第安人，虽然对他们的大房子引以为荣，却继续住在他们的又旧又丑陋的小屋里！我们大多数人也是这样！也许我们知道我们是“上帝的圣殿”，也因此而感到无上荣耀，但却从未真正居住在这座圣殿里，从未强调过我们对周围事物和环境的主权。我们从来没有用自己的力量来做对自己有益的事。

当人类思考时

隐藏于我们自身的解决办法在撒谎

但我们却将此归咎于上帝

——莎士比亚

在我们老祖先的时代，女巫在漆黑的夜晚到处游荡，对每一个不幸与她们擦身而过的人降下邪恶的咒符，那时人们以为，主宰他们的健康与疾病、好运与厄运的力量存在于自身之外，是自己所无法控制的。今天我们都会对这种蒙昧无知的迷信思想嗤之以鼻。但是，即使在现今这个时代，也很少有人意识到，他们所看到的事情仅仅是结果，更少有人明白引起这些结果的原因是什么。

其实，不良情绪，任何失望或消极思想，都不过是意识的反映。对于那些不良情绪，人们总有克星对付它们，而这些克星就是强大的意志力，它会使你所有拯救措施，都可随时实施，取得良效。换言之，用真实取代错误，用和谐消除冲突紧张。当你通晓精神化学的奥妙时，也就能够消除不良体验、诊治各种意识问题。在这方面人人各怀绝技，你也能成为治疗自己精神不适合的最好医生。

太多不容辩驳的事实证明，成功从来都只偏爱有足够准备的头脑。准备得越多，就越靠近成功，反之亦然。我们要相信，灵感是从大量的积累或沉淀中提炼升华得来的。

在这个世界上，最为活跃而涌动不止的能量、最具不可思议的超凡创造性的就是人类的大脑思维。每个人的生活环境与

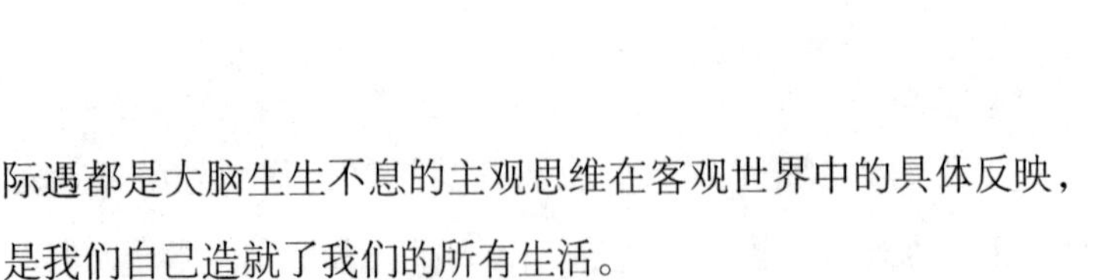

际遇都是大脑生生不息的主观思维在客观世界中的具体反映，是我们自己造就了我们的所有生活。

我们以往的思维方式在很大程度上决定了我们的每一次选择，所以我们的选择并不是偶然的或随机的。我们只能在我们思想范围以内作出选择，而不会做出超越思想范围以外的任何行为。正是所谓的思路决定出路，想法决定方法。

我们的思想自始至终在主导着我们的一切行动。从某种程度上说，我们的思想以及思维方式决定着我们的现状和未来。我们今天所做的一切对未来人生都影响深远。

培养伟大的思想

思想蕴含着强大的能量。积极的思想就是积极的能量，集中的思想即是集中的能量。而某些积极的思想集中在一起，将会化为一股非凡的力量。这种力量如此神奇，甚至超过了那些促进物质进步的梦想，或者是你能想象到的最辉煌的成就。这种力量正是那些不甘于贫穷、不甘于平庸和渴望成功的人所需要的。

心理效应的表现形式与电能和磁能的表现形式极其类似。这不仅在心理的震动和传递阶段是这样，在心理感应阶段也如此。

在自然科学中，“感应”这一术语常常用来指明那些能量

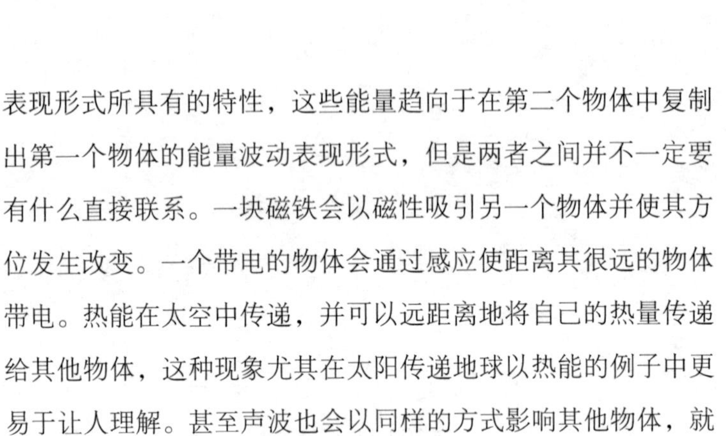

表现形式所具有的特性，这些能量趋向于在第二个物体中复制出第一个物体的能量波动表现形式，但是两者之间并不一定要有什么直接联系。一块磁铁会以磁性吸引另一个物体并使其方位发生改变。一个带电的物体会通过感应使距离其很远的物体带电。热能在太空中传递，并可以远距离地将自己的热量传递给其他物体，这种现象尤其在太阳传递地球以热能的例子中更易于让人理解。甚至声波也会以同样的方式影响其他物体，就像在那个著名的实验中，花瓶或者玻璃杯在音乐所产生的振动下，似乎在以同样的方式回应这种悠扬的乐曲。事实上，我们在现实生活中都可以感知到上述这些现象。

思想波动也以上述的方式将心业的波动传递给远在千里之外，或者近在咫尺的人，也可以通过中间人在他们共同的力量区域里建立起相同的波动形式。因此一个愤怒的人会将这种程度的心理波动传递给其他人，这种心理波动与其他人的大脑形成一种交往模式，这些人就会感同身受，有想发脾气的冲动，甚至会感觉到莫名其妙的气愤。我们都知道在同一间房子里，如果一个愤怒的人传递了自己烦躁的心理波动，那么争吵就很容易发生。我们只要想想聚众暴动的例子，就能够清楚地认识到“憎恨和气愤的易传染性”，那些易受影响的人很容易就会

受到鼓动。对于无目的的情感和感觉来说是这样，对于有目的的情感来说就更是这样。一个善良的人碰巧将其和善的心理波动传递给他身边的人，那么这些人就会在心理上受其影响往良好的方向发展。

演说家、演员、布道者和教师传递强烈的思想波动，希望在他们的倾听者的思想里引起相同的思想波动，同样倾听者也会以与言说者相同的感情回应言说者。当你记起这些言说者如何影响你的感情时，或者当你记起那些演员是如何让你因同情而流泪，因恐惧而全身颤抖，因开心而大笑时，你就明白心理感应是如何起作用的了。

不仅当我们确实处在一个传递思想波动的人面前时情况是这样，而且当我们受到那些距离我们很远的人的影响时情况也是这样，这些人常常是没有动机的，但如果他了解心理感觉的规律，我们就不能排除有动机的可能。

地球的表面，尤其是那些人口密集区总是充满了这些思想波。这些思想波传递心理波动，与每个人发生联系，并且总一边在人与人之间建立联系，一边又使每个人保持中立。也就是说，如果两种同样性质的思想波相遇，那么两者之间就很有可能建立一种联系，就像那种建立在两种互相吸引的化学物质间

的联系一样。城镇、房间里或其他地点的“精神氛围”就是以这种方式逐渐形成的。另一方面，如果相反的两种波动相遇，两者之间就会存在冲突，这样双方的力量可能会相互抵消，两者势均力敌，也可能是两者之中力量大的一方将力量小的一方打败并占据主动位置。例如，如果两种心理波动流相遇，一种代表爱，另一种代表恨，如果它们力量相当，那么两者就会是一种相互持平的状态；但是如果一方力量过于强大，它应付地逐渐夺取另一方的力量。那么我们很有可能会任凭堕落思想的摆布而毫无办法。然而，无论如何我们都会受到思想波动的影响，除非我们学会通过既定规律并敢于实践，这样就能将其对我们的影响减到最小。我们都了解感觉到强大波动是如何影响整个城镇、城市和国家，它们会改变当地居民的整个生活状态。

那种过度迷恋政治、好战、极端支持或反对某人以及团体自居的精神波动横扫他们到过的每一个地方，使那里的人们受到影响，以同样的方式处事，当这些人意识到自己的冷酷行径时，他们就会后悔自己当初的所作所为。煽动者很容易改变人们的想法，具有凝聚力的领导都希望能赢得人们更多的选票和支持，但是这些人因为受到负面的思想波动的影响，就很容易引起骚动或者发起暴行。另一方面，当我们关乎力量的引导，

这些心理波动的影响就必然会依赖于思想和感觉在心灵上所体现出来的力量。大部分人只在精神生活方面投入很少的精力，但是我们也能碰到那种思想者，他的思想波动实际上是“生存意志的一种流动”，因此他的思想对于与他有联系的人的思想必然具有很强的感应力。这好像证明，许多以同样的方式思考的人会通过与巨大的精神力量的合流而产生巨大的精神能量。

我们决不能忽视这类例子的另一个特征，那就是心灵之间的互相吸引，人们总是会自愿接受那些与自己心灵契合的思想波动的影响。但是这也并非必然规律，因为就算是两种相互契合的思想波动之间也有可能存在排斥力，更何况那些互相敌对的思想之间。这里，我们暂且引用陈腐的表达方式去揭示“物以类聚，人以群分”。这种精神能量之间的非凡规律正在运行，那些允许自己的思想通过某种路线传递、允许自己的思想以某种固定的方式表达的人们总是自愿接受那些与他们目的一致的人的思想波动和精神的影响，而总是用自己的思想波动和精神力量去驱逐那些与自己对立的思想。

在每个人的生活中这都是不可忽视的事实，两种同质的思想总是会互相吸引去抵御与自己背道而驰的思想。占主导地位的生活态度可用来吸引相同的态度并排斥不同的态度，因此

仔细辩认你的思想特质，细心培育你期望的想法，真正地做到“用自己的心去思考”。

有些思想波动传递的思想没有什么感召力，因此并不受人欢迎，也走不远，只能像烟雾一样缓慢地、慵懒地弥漫在空气中，可有可无。另一些思想具有明确的目的和意志，像电光一样有力地发射出去，能够传递很远一段距离。微弱的思想波动总是会很快消失，或者在更强大的力量的驱散下，被强大的力量中和。但是强大的思想波动能够赢得持久的活力和能量。一个人的思想波动如果以这样的形式传递，就会在他的周围持续震动很长一段时间，无论他到哪里，那些与他的思想具有某种联系的人就会受到他的思想波动的影响。许多人会强烈地表现自己思想的特性，以至于只要人们一接近他，就能够感受到这种影响力。他们时刻保持这种态度，并让他们身边的每个人都受到这种态度的影响。

有些人以同样的方式保持这种意志力的波动，持续影响他人，使他人感觉到这种意志力的强大，并自动放弃自己的意志力，改变自己的欲望。其他人也以同样的方式将这种思想波动用于使用魔力和吸引大众方面，凭借这种力量他们总能将他人吸引到他们身边。这种原则不仅适用于普遍心理氛围的每个阶

段，也适用于直接产生个人影响的每个阶段。

所有心理效应的形式都在心理感应的主线上运行，就像我们这里所描述的一样。在所有安全中所遵循的原则都是一样的，虽然运行方式根据不同阶段的表现形式而各有不同。

一个人的感觉、判断、品味、道德感、才智和志向是在学习与实践中慢慢积累起来的。每个人的境遇不同，那么相应的积累也有所不同。这种积累直接影响了在现实生活中产生的满足感。为了自己的追求，我们要向所有最优秀的思想学习，一旦我们学习了，它就会一直在我们的头脑中，就会不断创造、更新着人的思想和意识，并在外在世界中显现出来。如何获得这种能力呢？必须对这种能力有一个认识，认识得越深刻，获得这种能力的可能性就越大。

这种改进要归功于父母间的爱，以及他们对孩子的爱。它通常是看不见的，可能是家里树立着良好榜样的某个女人，给予那个正在工作的男人以其他任何别人都不能给予的感召和力量。它可能是父爱，让一个男人能够替一个或许不能自理的孩子干活儿。

随着科学技术的发展，人类的眼睛可以看到以前从未看到过的世界，借助于高倍数的天文望远镜，可以看到几百万英里

以外的世界。同样的道理，人类也可以借助已经得到的知识，与这个世界建立一定的联系。我们可以将人类认识的过程比作录像机的摄影过程，如果没有理解和领悟，就像录像机内部没有录像带，什么也不会留下，有的只是一个空镜头。思想是借助引力法则运行的一种能量，它的最终体是客观世界的丰裕富足。世上所有的成功人士，如金融大亨、行业精英、大律师、发明家等，他们对世界最宝贵的奉献就是他们的思想，而正是因为他们贡献了新的思想，才使得他们的形象无比光芒四射。

我们利用思想去创造生活，能创造什么样的生活取决于我们的思维习惯。我们做什么，取决于我们是什么；而我们是什么，又取决于我们如何思考。在我们“做”什么之前，首先必须“是”什么；而在我们“是”什么之前，我们必须控制并引导我们的思考。

第六章

思考改变行动

把思考变成行动

行动创造出了历史、环境、和谐、机遇、成功以及任何别的东西，行动却是因思想而产生的，无论是有意识的行为还是无意识的行为；而思想又不是凭空产生的，思想是心智的产物。如此一来，我们就可以推出这样一条结论：心智是一切行动赖以产生的创造性中心。

行动对于思考的意义就如同果实对于果树、泉水对于泉眼的意义一样。树上为什么会长果实？泉眼里为什么会流出泉水来？他们不是无缘无故突然从天而降，而是经过长期静默地酝酿而成，是一个长期养精蓄锐的隐形过程的结果。

树上结出累累硕果，岩石间水流潺潺，无一例外是空气与泥土之间一套自然过程的结果。空气和泥土长年累月相互作用，潜移默化，于是，自然现象便诞生了。无论是发人深省的高尚德行还是黑暗的罪恶行径，都是蕴藏脑海已久的一连串思考的产物。

一个口碑极佳，对自己的操守立场自信满满的人，受到难以抗拒的诱惑，猝不及防的堕入罪恶深渊，我们可能会认为这是个突发状况或者无从解释的事情，不过，当导致这种事件发生的隐形思想过程曝光于众时，我们就不会这么认为了。堕落仅仅是导致某种思想的一个终结、一种外在活动和成果，然而这种思想或许早在几年前就在悄然滋生了。

一个人首先让大脑接受错误的思想，接着一而再再而三地开门揖盗，甚至让他在自己心底扎根筑巢。渐渐地，他习惯了这种错误的思想，从珍惜到爱不释手，再到最后不由自主地庇护他。

日积月累，错误的思想能力不断壮大，于是，他开始迫不及待地想要寻找一个破茧而出，变隐身为具体行动的时机。就如一座雄伟庄严的大厦，根基被流水逐渐腐蚀之后摧枯拉朽般倾塌，一个意志坚定的人如果让不正当的思想在大脑里滋生，

神不知鬼不觉地侵蚀他的人格，结果可想而知。

当发现所有的罪恶和诱惑都是个人思想自然而然的结果时，战胜罪恶和抵制诱惑的手段变得苍白无力，采取的任何手段都只是适当延缓这个过程，该发生的迟早都会发生。然而一个人如果愿意承认，珍惜，慎重地琢磨纯洁美好的思想，这些美好的思想一定会遵循着同样的规律，他们在你的脑中将不断地扩大，积聚力量，最后，在天时地利人和皆具备的条件下升华为实际的行动。

“天底下没有藏得住的秘密。”心中隐藏着的任何想法都会借助宇宙规律固有的驱动力，根据各自的本质最终表现出来，要么造福人类，要么生成恶果。

神圣的教师和酒肉之徒的区别在于他们各自思想大相径庭。他们播下了不同的思想种子，并把他们洒在心灵的花园里，施肥浇水，精心培养，收获的便是他们现在迥异的情形。

任凭谁也不能狂妄自大地企图通过与机遇一较高低来战胜邪恶和抵制诱惑，我们所能做的就是净化我们的思想。如果我们愿意日复一日地在我们静默的灵魂里和生命的责任中积极地克服误入歧途的倾向，用真理和光明磊落的思想取而代之，那么犯错误的机会就会不攻自破，乐善好施的行为也将畅通无阻。

一个人只能趋近于与其天性相和谐的事物，假设他的内心存在能够与不利的诱惑相斗争的力量，那么，面对一切诱惑，他便都能置若罔闻，岿然不动。

护卫好自己的思想吧！此时此刻，你们的脑中必有暗流涌动，无论他们是好是坏，你们迟早会将其付诸行动。

一个人若能孜孜不倦地护卫好思想的大门不受歪门邪道的入侵，让全身上下注满爱的力量和纯净坚定而美好的想法，当收获的季节来临的时候，它将收获高尚的善举。诱惑造访他的时候，看到的只能是全副武装、百毒不侵的他。

思考改变行动

思想能够改变行动，而行动能够改变现实。思想还能够改变我们的机体，使人的身体组织彻底发生改变。因为观念，就其本身来说，会唤醒身体组织与细胞的共振，使它们朝着我们希望的状态发生改变。

费尼兹〃帕克赫斯特〃昆比，于1802年2月16日出生在新罕布什尔的黎巴嫩。他是近代欧洲著名的精神治疗师。他的精神治疗法得以发展，使生活中诸多重要的因素发挥了巨大的作用。

当昆比染上肺结核时，内科医生的治疗方法让他心灰意

冷，导致他最后放弃了痊愈的希望。这是昆比成功史上的首个重要转折点。这时，他的一个朋友建议他参加户外的体育运动，以改善身体状况，比如骑马、跑步、打球等。然而昆比的身体已经病入膏肓，疾病的折磨显然没法儿让他真的去参加那些剧烈的运动。

接下来，昆比做了最好的尝试——他决定去旅行。令人不可思议的是旅行让昆比受益匪浅，他的身体得到了恢复。身体奇迹般地康复了，昆比开始思考起这个发人深思的过程。然而直到几年之后，他才进一步发掘出这一事件的整个秘密。

1838年，在卡利尔博士的一个讲座的启发下，昆比开始进军催眠术研究领域，并在卢修斯〃柏克马的帮助下进行了更深度的催眠实验。卢修斯〃柏克马是一个毫无内科专业概念的人，可是，他却能用自己的一套独特的处方让病人药到病除。他可以让病人比较容易地进入催眠状态，并为之诊断出病源——深层的精神上的变化，以及安慰的精神治疗法令昆比无比佩服，使他开始注意到了精神上的变化，以及安慰剂对一个病人生理上的作用力。

昆比为此进行了深入的研究，根据研究的结果，他发展了精神辅助治疗理论，并于1959年在缅因州的波特兰组建了一个专门的研究室。在昆比的研究室里，有几位得力的助手，如“新思想运动”的发起人沃伦〃飞特〃伊文斯，安妮特〃赛伯莉〃杰瑟，朱利叶斯〃杰瑟和“基督科学运动”的发起人玛丽〃贝克〃埃迪。他们积极参与到昆比的精神辅助治疗理论的研究中，并将所有的研究成果记录了下来。

昆比博士的精神治疗法研究在全世界医疗界引起了很大的反响。昆比于1866年1月16日猝死于他居住了大半辈子的缅因州贝尔法斯特，享年64岁。

有了改变的想法就要行动，因为行动是思想盛开的鲜花，境遇是行动的结果。只有把思想落到实处，我们美好的愿景才能得以实现。

东方的大师们一致认为点滴的念头都会对一个人的命运产生深刻的影响，因此，他们甚至把想法也看作是“物”，认为想法是真实存在的，它们有自己的生命活动空间，有具体的形态，有特定的频率，还有相应的存在期限。

思想有支配自己行动的力量。大师们称如果你能成为意识

的主人，那么你就拥有了最得力的奴仆，让它们遵从你自己的意愿，然而，如果你无法驾驭它们，它们就会反过来牵制你的行动，使你举步维艰，甚至陷入痛苦的深渊。来听一听佛经中的至理名言吧：

就像造箭的工匠要把箭打造得笔直一样，一个明智的人也应该把自己那些摇摆不定的思想锻造得坚定、顽强。

就像被从水中捞出来扔到旱地上的一条鱼一样，我们的意识也在不断地挣扎着，试图摆脱命运的羁绊，劈出另一片精彩的天地。

拥有驯服的意识会让自己受益无穷，然而意识往往都变幻莫测、桀骜不驯。不过一旦能让意识听命于你，你就拥有了无尽的愉悦心境。

只有足够睿智的人才有能力驾驭自己的意识，因为意识往往都是难以预期、千变万化的，点滴小事也会引起内心的波澜起伏，被驯服的意识会给你的生活带来幸福快乐。

思想决定一切

我们的行动由我们的思想引导着。从某种程度而言，每个人的思想以及思维方式都决定其现状和未来。

行为因思考而实现。如果我们虚妄改变行动的性质，就必须改变原来的想法，而改变想法的唯一途径就是用健康的精神态度代替现有的混乱的精神状况。

思考的力量是目前为止现存的最伟大的力量，这是有目共睹的。思考的力量可以控制其他任何力量。虽然直到最近，了解这些知识的还仅仅是少数，但在不久的将来，它将会变成很多人不可估量的无价的财富。那些拥有想象力和广阔眼界的

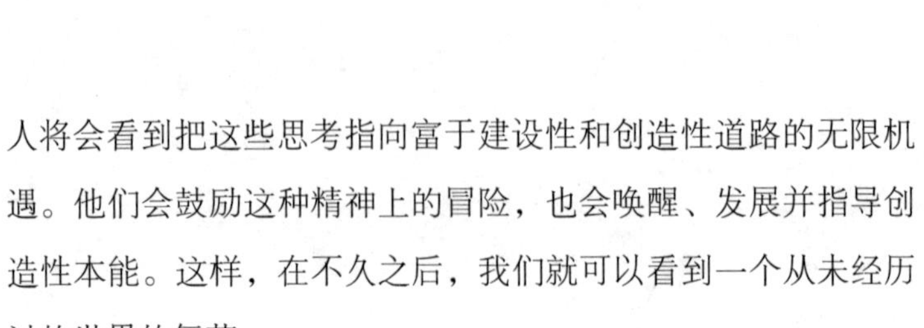

人将会看到把这些思考指向富于建设性和创造性道路的无限机遇。他们会鼓励这种精神上的冒险，也会唤醒、发展并指导创造性本能。这样，在不久之后，我们就可以看到一个从未经历过的世界的复苏。

思考是意识的运动，就像风是气流的运动。思维是一个精神的活动。事实上，它是人类精神上所拥有的唯一活动。而“精神”是创造性的宇宙法则。因此，当我们思考时，就开始了一种对因果关系的训练。思维向前发展，遇到了另一种相似的思维，它们相互结合从而形成了思想。此时，不同人的思想是独立存在的，它们是肉眼观察不到的种子，散落在各地，萌发，生长，结出成百上千倍的果实。

记忆就是一个联想和联系的过程。你希望回忆一些事。你沿着事物联系的本质回到事物的本身。因此这些事把你带到一些主要的细节上来，如使你联系到一些人，这些人是你见过且和该事相联系上的，一直到引起该事的源头上来。

对于大脑的某些部分来说，这不但是一种习惯而且是使用最频繁的平坦捷径。如果说我们的日常工作生活习惯是可以用眼睛紧密跟随的小路，倒不如说它们什么都不是，为了改变这些习惯，我们必须开创新路线，我们不但要彻底地根除旧的习

惯，而且要让新习惯的种子不可逾越，使它们快速成长。

一个饮酒过量的人几乎不可能戒除酒瘾，成为一个饮酒适度的人。他不仅沉溺于酒精中，又希望成为酒精的主宰者。他必须完全停止，他必须明确地把思想引领到一条新路上来，直到非常熟练，无节制地喝酒以及身体的其他疾病都可以通过某种训练、某种思维联系法被引领到大脑领域。对于混乱的内心有这样的一种说法：“心空了，一切事情都会变得平静。”听起来有些荒谬。获悉思维的联系，这种思维是某些文字处理和事件在脑海中被召唤了出来，他认为其他人的思想也经历着同样的方式。同样的事在每一群人中会激起不同的情感。对于这个人来说，或许证明他有罪，对于另一个人，它或许又成了证明他清白的证据。而这一切都取决于我们各自心中的想法。

一股清风透过窗户进到屋里，有的人认为这是站在高处感觉空气的清香。也有的人认为寒风刺骨，害怕引起发烧。前者得到的是健康且充满活力，后者却是病魔缠身。那股风是一样的风，结果却截然不同，就因为他们看待事物的观点不同、态度不同、角度不同。

智者说：“其实对我们来说，遇到了什么事并不重要，关键的是我们如何看待这些事物。”

我们的每一次选择都非偶然，而取决于我们以往的思维定式、生活经历。我们只能做出我们思想范围内的选择，不会有超越思想范围的行为。

许多实践都证明，准备越充分，离成功就越近；准备越欠缺，离成功就越远。要知道，即使是最聪慧的人，其灵感也是从积累中得来，而非偶然。

每个人的客观环境和一切生活际遇，都是其主观思维在客观世界中的反映。人的思维是世界上最为活跃的能量，它创造了一切，生活、世界以及他自己。

内在的世界不可触摸，但确实存在，而且其能量之强大远超你的想象。这是一个由思想、感觉、力量等要素所构成的能动的世界。

思想统治着内在的世界。当我们能够了解、认识自己的内在世界时，就可以解决使我们困惑的所有问题，找到解决问题的方案。我们一旦掌握了这个内在的世界，一切力量、成就与财富的规律也同时在我们的掌握之中了。

我们凭借思想与外在世界相连。大脑是思想和意识的器官，大脑——脊椎神经系统是身体的枢纽，把身体的各个器官和组织联系起来，使我们对冷、热、味道、声音、视觉、触觉

等各种感觉做出反应。

我们通过不断地思考了解事物的本质以及事物发展的规律，大脑——脊椎神经系统将这些正确的信息传递到身体的各个部位，正确的认知会令我们感到舒适愉快。

我们凭借正确的思想和认识，将希望、勇气、信心、热情、活力注入我们的身体。当然，错误思想也会给我们带来挫折、悲伤、倦怠、失望、沮丧等不良的感受。错误的思维方式对我们的世界带来破坏性的影响，令我们的世界变得不和谐。

积极的思维意味着健康与财富，消极的思维却带给我们不幸、疾病和苦难。拥有积极思维的人是成功者，而拥有消极思维的人则是失败者。头脑也像士兵一样，只有将它朝一个正确的方向引导，它才能进步。大脑一直在思考，而且不会停止。所以，你要给大脑一个正确的方向，这样它才会朝着正确的方向思考。

那么，我们该如何思考呢？如果知道了答案，我们就能找到“梦想成真”的秘密。当我把答案告诉你的时候，你可能会觉得它太过简单。不过，如果继续往下读，你会发现它就像一把“万能金匙”，或是一盏“阿拉丁神灯”。你会发现，它是获得幸福的基础条件下的必要条件和绝对法则。

行动造就成功

行动造就成功，而思想造就行动。不管是有意识的，还是无意识的，思想都能指导人的行动，因为思想是精神的产物，而精神又是创造中心，是一切行动产生的源泉。

早期的哲学家著作中有关于蒸汽机的设想，但它的真正出现确是在两千多年后。

17世纪英国的一个铁匠纽科门也曾想过利用蒸汽去推动活塞，但他的机器要运转起来需要消耗的煤量太大了，所以只能作罢。我们知道，后来的詹姆斯·瓦特发明了蒸汽机。

当时瓦特才15岁，他没有受过什么教育，在伦敦街头流浪。

后来，格拉斯哥大学的一位教授让他在自己的工作室里帮忙。

在实验做完的时候，他就拿一个小瓶子和一个空拐杖做蒸汽机实验。当活塞完成l/4或1/3的运动时就切断蒸汽，利用蒸汽的膨胀去推动活塞完成剩下的运动，这就节约了3/4或2/3的蒸汽量。当然了，在这样条件艰苦的情况下做实验，当然是很难熬下去的，但是瓦特在贫穷和艰难面前没有退缩。他的认真和执著，得到了妻子玛格丽特的支持和鼓励。尽管她还在为生计发愁，但她却给瓦特写信说："如果机器无法转动，那一定有别的什么可以转起来。一定不要放弃。"

瓦特说："一个阳光普照的中午，我散步时路过一家老式洗衣店，突然脑中闪过一个念头，'蒸汽是有弹性的气体，它肯定能自动进入真空，只要将汽缸和排气管连接好，蒸汽就会自己冲入汽缸。'"

就这样，第一台具有实用价值的蒸汽机诞生了。

詹姆斯·麦金托什爵士对瓦特极为赞赏，他认为瓦特有着"所有时代、所有国家的发明家们共同拥有的灵感"。

乔治〃斯蒂芬森是英国发明家，他发明了蒸汽机车。他以

前在煤矿工作，每天只赚六便士，晚上歇工的时候给工友缝补衣物，以此赚取一点儿外快用来上夜校，他的第一笔收入150美元全部用来帮他的盲人父亲还债了。当他从事蒸汽机车的发明时，人们都说他疯了。很多人说“整个房子会被那呼啸的蒸汽机车炸飞”，还有人说“空气会被污染”，也有人说“车夫会因失业而流落街头的”。国会下院也连续质询他，其中有这样一个问题：“如果一头奶牛撞上了这辆时速十英里的机车，那出现的后果将会很严重！”斯蒂芬森回答：“的确很严重，尤其对于奶牛来说。”一个政府官员甚至宣称，如果这辆机车的时速能够超过十英里，他宁愿早餐时吃掉一台。

“指望一辆机车的速度快过马的一倍真是荒唐至极。”这是1825年3月的英文刊物《季度评论》上的一篇文章里的话，“可以预见的是，住在华威的人若是坐上这么快的火车，那他们就会有乘坐火箭的痛苦了。我们相信国会将把所有列车的时速限制在八九英里，因为西尔威斯特爵士认为这种速度还是可以的。”这篇文章所指涉的正是斯蒂芬森的一个提案，他希望在利物浦至曼彻斯特沿线，用他新发明的机车来代替马车。

建筑公司将这个工程交给了两位著名的工程师，他们认为只能在相距1.5英里的两辆固定机车上使用蒸汽机，通过绳子和滑轮来拉车厢。但最后他们听从了斯蒂芬森的建议，使用了价值2500美元的机车，并计划于1829年10月6日开始试验。

那个重要的日子到来了，成千上万的人跑来观看这场比赛，参赛的分别是“创新号”“火箭号”“毅力号”和“萨斯帕利号”。“毅力号”的时速根本没有达到规定的十英里，直接出局；“萨斯帕利号”和“创新号”虽然达到了规定时速，并且表现可圈可点，但它们都爆了一根水管，因此也被淘汰了；而“火箭号”则以平均时速15英里夺冠，它的最快时速可达29英里。“火箭号”正是斯蒂芬森制作的，这证明他的想法是对的。斯蒂芬森使用了瓦特改良的蒸汽机来拉人运货，这种大胆的想法是当时最有名的工程师都不敢想的。

1807年8月4日，星期五的中午，一群好奇的人在围观一个“疯子”，他们聚齐在哈德逊河边要看看这个疯子是怎么失败的。“疯子”居然要用一艘蒸汽船载人到哈德逊河上游的奥尔巴尼，这简直是闻所未闻。人群中的人喊道："那东西会散架的"，也有人喊道"会起火的"，"坐这船会葬身河底的"。所有人都不相信蒸汽可以推着船过河，大家都觉得这人肯定是疯了，因为只有疯子才会把所有的金钱和时间花在研制蒸汽船上。但是，总有人喜欢第一个吃螃蟹，还是有乘客上了他的船。蒸汽船"克莱蒙特号"缓缓向河中心驶去，围观的人依然坚信"船是开不到上游的"，但船却很稳健地往上游驶去，并成功到达目的地。

这个"疯子"就是罗伯特·富尔顿，他一直信奉"万事皆有可能"这句话，他为世界创造了第一艘有着实用价值的蒸汽船也验证了这句话。然而尽管他改变了世界贸易的面貌，为世界作出了很大的贡献，却依然被许多人视为"敌人"，那些评论家和守旧派对他嗤之以鼻。这也验证了这样一句话："往往一个人对世界的贡献有多大，世人对他的责难和打击就有多大。"

当这艘冒着浓烟和火焰的船成功抵达河流上游时，围观的人都惊呆了。他们冲到岸边，看着这艘逆流而上的蒸汽船，无法相信没有帆桨而仅靠燃烧产生的蒸汽也能够航行无阻。而这艘巨大的汽轮发出的噪音更是引起了大家的骚动。水手和渔民

们都匆匆收工，想要见识一下这个“冒着雾气的怪物”。印第安人的惊讶程度，绝不亚于当年他们的祖先看到第一艘驶向曼哈顿岛的船只。拥有帆船的人对此更是嫉妒得要死，他们想让“克莱蒙特号”消失。那些在情感上还无法接受的人，继续抵制富尔顿的蒸汽船。但是“克莱蒙特号”却在美国其他地方掀起了一场蒸汽船制造热潮。美国政府还聘请富尔顿去协助制造一艘威力强大的蒸汽护卫舰，并将之命名为“富尔顿”号。后来他还为美国政府制造了一艘可以发射鱼雷的蒸汽潜艇，正因为如此，他成为了享誉世界的伟大人物。

1815年富尔顿去世，很多报纸在头版头条报道了这个消息，纽约议员纷纷佩戴黑色徽章以示悼念。美国政府为他打造了一个隆重的葬礼，只有备受尊敬的人才能享受如此隆重的葬礼。

1832年，朱尼斯·史密斯从英国到纽约进行了一次漫长的航行。他在甲板上不耐烦地踱来踱去，他在思索一个问题：为什么不把越洋蒸汽船改为定期航班呢？这个想法是人们以前都没有想过的。第一个赞成史密斯的，是银行家乔治·罗伯特，他同时也是一位对历史很感兴趣的人。尽管他觉得这个想法可

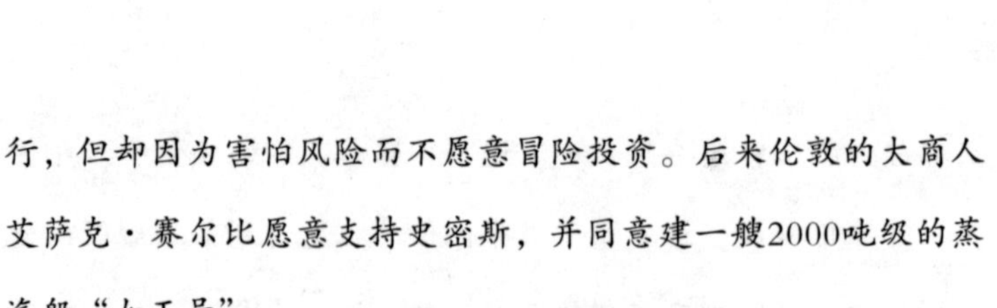

行，但却因为害怕风险而不愿意冒险投资。后来伦敦的大商人艾萨克·赛尔比愿意支持史密斯，并同意建一艘2000吨级的蒸汽船“女王号”。

由于安装马达出现了延误，负责人便租了一艘700吨级的内陆河用蒸汽船赶往纽约。得知这一消息后，其他船商也于四日后从布里斯托尔港发出一艘“大西方号”。结果它们同日到达纽约，很快纽约至伦敦为期32天的往返航线就这样开通了。

新思想的拥护者总是不遗余力地宣扬“坚持信念”。事实也是如此，未达到预期目标，“坚持信念”是不可或缺的精神。然而，要达成目标，光是“坚持信念”显然还不够。你必须不断地用行动验证你的信念，直至使其成为与你融为一体的固定习惯。

所以，用行动验证脑中的一些想法，行动再把效果回馈给大脑，这可以帮助与这个行动亲密相关的一部分大脑进一步发展成熟。犹如规模经济，每一次大脑新添了一个想法，想法变为实际行动的可能性就会更大，得以实践的行动每增加一个，大脑也就更容易得到一个回馈信息。你会发现一个想法可以带来双重作用——行动和回馈。